职业教育市场营销专业精品教材

职业形象设计——“教 学 做”一体化实用教程

主 编 王 薇

参 编 张 娟

電子工業出版社

Publishing House of Electronics Industry

北京·BEIJING

内 容 简 介

本书根据实际工作需求，从高等职业人才培养目标出发，以“项目为导向，任务为驱动”作为教学模式，以“就业为导向”作为人才培养目标，根据高等职业院校人才培养定位及职业人士设计并塑造良好职业形象的需要设置内容，以塑造良好的职业形象作为主线，以职场需求作为宗旨，从基本认识、思想层面、仪容仪表、言行举止、职业礼仪、综合实训等方面系统、全面地介绍职业形象与职场礼仪的相关知识和运用技巧，使学生可以顺利走入职场，展示得体的职业形象和更好地体现教养、风度、气质、个人魅力，为从业做好充分准备。

本书还配有相关的辅助材料，请登录www.hxedu.com.cn免费下载。本书适合作为高等职业院校相关课程教材，也可供相关从业人员参考。

图书在版编目（CIP）数据

职业形象设计：“教 学 做”一体化实用教程/王薇主编. —北京：电子工业出版社，2020.1

ISBN 978-7-121-36994-0

Ⅰ. ①职… Ⅱ. ①王… Ⅲ. ①个人－形象－设计－职业教育－教材 Ⅳ. ①B834.3

中国版本图书馆CIP数据核字（2019）第135028号

责任编辑：陈 虹

印 刷：河北虎彩印刷有限公司

装 订：河北虎彩印刷有限公司

出版发行：电子工业出版社

北京市海淀区万寿路173信箱 邮编 100036

开 本：787×1092 1/16 印张：9 字数：230.4 千字

版 次：2020 年 1 月第 1 版

印 次：2025 年 8 月第 10 次印刷

定 价：23.00 元

凡所购买电子工业出版社图书有缺损问题，请向购买书店调换。若书店售缺，请与本社发行部联系，联系及邮购电话：（010）88254888，88258888。

质量投诉请发邮件至zlts@phei.com.cn，盗版侵权举报请发邮件至dbqq@phei.com.cn。

本书咨询联系方式：010-88254470，chitty@phei.com.cn。

前　　言

职业形象是提升企业专业服务水平、强化企业的品牌价值和树立企业良好的社会形象的保证，学习职业形象设计是十分有必要的，并具有很强的现实意义。《职业形象设计——“教　学　做”一体化实用教程》从高等职业人才培养目标出发，以“项目为导向，任务为驱动”作为教学模式，以“就业为导向”作为人才培养目标，根据高等职业院校人才培养定位，以及职业人士设计并塑造良好的职业形象的需要设置内容，以塑造良好的职业形象作为主线，以职场需求依为宗旨，从基本认识、思想内容、仪容仪表、言行举止、职业礼仪、综合实训等方面系统、全面地介绍职业形象与职场礼仪的相关知识和运用技巧，使学生顺利走入职场，展示得体的职业形象，更好地体现教养、风度、气质、个人魅力，更好地协调人际关系，提升修养，有效地掌握职场基本礼仪，塑造良好的职业形象。本书可作为高职高专、成人高校及独立院校和民办高校的各类专业学生用书，以及职业素质或职业拓展课程用书，也可作为人文素质通识课程教材，还可为企业员工及社会各行业人员的职业能力、职业形象的提升培训提供参考。《职业形象设计——“教　学　做”一体化实用教材》以培养学生岗位素质及实际操作技能为核心，是一本非常有价值的教学用书。

1. 以学生为中心，以就业为导向

本书以学生为中心，以就业为导向。教师使用本书时将知道应该如何设计一堂课程，学生使用本书时将知道如何学习及如何衡量学习的效果。学生通过使用本书能充分地调动学习性、积极性与主动性，并成为课堂的真正主角，是所有活动的实施者；而教师通过使用本书成为课堂的组织者、督促者、主持者，不再只是站在讲台上演“独角戏”。

从编写思路与课程教学思路来看，本书与传统的教材有很大的不同，本书以能力为本位、以职业实践为主线，满足当前社会需求、学生需求，更有利于教与学，更有利学生综合能力的培养，同时满足企业营销岗位实践的需求，并满足教师、学生的教与学的需求。

2. 以项目为驱动，以任务为导向，实用性强

本书用项目任务的方式，将有关的理论知识串接起来，实战性强。学习时学生应首先分成团队来做项目任务，然后由教师讲解点评，再将知识点融入项目中。本书融先进的教学理念于其中，符合高等职业院校学生的心理特点、学习规律，充分体现出职业特性。

本书六个项目任务分别是认识职业形象设计、职业形象的思想层面、仪容仪表训练、言行举止训练、职业礼仪训练、职业形象设计综合实训，这些项目都是经过分析整合、教学化后而得出的，目的是为了减少教师设计教案的工作量，有利于教师将教学的重点放到学生的实践能力培养上，每个项目都经过多轮实践，反复修改，以确保实用。

3. 注重职业能力的培养

本书的编写目的主要是以项目任务带动教学，在实施中，学生会得到综合的反复的强化训练，如语言沟通，信息查找、整理、分析，计算机应用，演讲，答辩，团队合作，时间管理等，本书还包括一些基本的做事方法方面的训练。本书将基本的理论、知识融入项目中，使学生既了解专业知识又能有针对性地灵活应用所学知识，更加强了其相关能力，有利于今后的职业能力的提升。

4. 建立在教学实践基础之上，实现教师轻松教学

本书的出版建立在三年的教学实践验证的基础之上。对于一线专业教师而言，使用模块进行教学最大的难处就是在任务与课程的设计上，而之后在上课是非常轻松的，教学方法也因内容的改革而变得丰富多彩，教师也真正成为课堂组织者及指导者，学生是非常认可和喜欢这种数学模式的，自然学习效果也非常好。本书的出现把教师的难题解决了，真正打破了传统教材大量知识点堆积的特点，更不同于一般的实践操作教材，本书具有很好的实用性与可操作性，教师使用本书不仅教学任务更加轻松，而且课堂教学效果非常好。同时，而学生使用本书能更好地提高各方面的能力，变被动学习为主动学习，在完成本书学习之后，学生可以真正受益并得到提高。

北京信息职业技术院王薇老师担任本书主编，并设计本书的编写思路，对全书进行编纂、修改、定稿。本书还聘请了北京亦茶亦画文化传播有限公司市场总监张娟女士参与本书的编写，她凭借着丰富的职场社交经验，结合实际工作情况对本书的编写工作给予了许多指导，并重点参与了部分编写工作，使本书更加贴近实际工作应用，最终将其打造成一本值得推荐的实用教学用书。

目 录

项目1 认识职业形象设计

Project one

学习目标

（1）明确课程学习的目标与意义，把握学习方法，激发学习的主动性与积极性；
（2）了解形象、职业的含义；理解职业形象的含义；
（3）掌握职业形象的重要性及意义，理解职业形象的主要功能；
（4）重视职业形象设计，培养与树立职业形象设计意识；
（5）明确职业形象的主要要素，能够深入认知每个要素的重要性及意义；
（6）重视职业形象的管理，能够结合自己的特点进行职业形象初步管理；
（7）熟悉职业形象塑造的途径，重视利用不同的途径进行职业形象塑造。

知识铺垫

导入案例

小节误大事

在风景秀丽的某海滨城市的朝阳大街，高耸着一座宏伟的楼房，楼顶上“远东贸易公司”六个大字格外醒目。某照明器材厂的业务员金先生按原计划，手拿企业新设计的照明器样品，兴冲冲地登上六楼，脸上的汗珠未及擦一下，便直接走进了业务部张经理的办公室，正在处理业务的张经理被吓了一跳。“对不起，这是我们企业设计的新产品，请您过目。”金先生说。张经理停下手中的工作，接过金先生递过的照明器，随口赞道：“好漂亮呀!”并请金先生坐下，倒上一杯茶递给他，然后拿起照明器仔细研究起来。金先生看到张经理对新产品如此感兴趣，如释重负，便往沙发上一靠，跷起二郎腿，一边吸烟一边悠闲地环视着张经理的办公室。当张经理问他电源开关为什么装在这个位置时，金先生习惯性地用手搔了搔头皮。好多年了，别人一问金先生问题，他就会不自觉地用手去搔头皮。虽然金先生做了较详尽的解释，张经理还是有点半信半疑。当谈到价格时，张经理强调：“这个价格比我们预算的高出较多，能否再降低一些？”金先生回答：“我们经理说了，这是最低价格，一分也不能再降了。”张经理沉默了半天没有开口，金先生却有点沉不住气了，不由自主地拉松领带，眼睛盯着张经理，张经理皱了皱眉，问道：“这种照明器的性能先进在什么地方?”金先生又搔了搔头皮，反反复复地说：“造型新，寿命长，节电。”之后，张经理找了个借口离开了办公室，只剩下金先生一个人。金先生等了一会儿，感到无聊，便非常随便地拿起办公桌上的电话，同一个朋友闲谈起来。这时，门被推开，进来的却不是张经理，而是办公室秘书……

思考

金先生拜访张经理最终没有收到好的结果，主要原因是什么？你能帮他改进吗？

案例分析

金先生的问题出在哪儿呢？金先生在拜访中忽视了职业形象与礼仪，给对方留下了不好的印象，从而影响了工作，主要有几点需要注意：

（1）在商务拜访中，应先与对方预约，然后再登门拜访，案例中的金先生没有这样做。

（2）金先生在进张经理的办公室前应该先整理一下自己的仪容，把汗擦干净，进门之前应先敲门，等里面的人说“请进”以后，然后再进入。猛然闯进去吓人一跳是违背尊重他人的原则的，是不礼貌的。

（3）金先生坐在沙发上是不应该跷二郎腿的，因为是商务会面，这样的坐姿是不礼貌的。况且，金先生是去求人办事的，更不应这样做。他也不应在没有经得主人的同意下吸烟。

（4）习惯性地挠头皮的动作既不卫生，又让人感到作为一个推销人员的不自信和对自己的产品方面的业务知识的不熟悉。

（5）随便用别人办公室的电话聊天是不对的。

职场人士的形象将可能左右其职业生涯发展前景，职场人士需要注重自身形象的设计，特别是在求职、工作、开会、商务谈判等重要活动场合，形象好坏将决定你的成败。职场形象决定职场命运，成功的形象塑造是获得高职位的关键因素之一。好的职业形象，不光是把自己打扮得多么美丽、英俊，而且要做到自身发型、服饰、气质、言谈举止与职业、场合、地位以及性格相吻合。一个职业化的人应该有能力根据职业的场景要求展示自己最好的形象，不断强化自己的稳定形象，从而成为自己标志的一部分。

课堂思考与分析

你和别人第一次接触的时候，最看重的是什么呢？

你是否会“以貌取人”？

当一个人进入一个陌生的房间时，即使这个房间里面没有人认识你，房间里面的人也可以通过你的形象得出关于你的一些结论：经济、文化水平如何；可信任程度，是否值得依赖；社会地位如何，老练程度如何；你的家庭教育的情况，是否是一个成功人士……调查结果显示，当两个人初次见面的时候，第一印象中的55%来自于你的外表，包括你的衣着、发型等；第一印象中的38%来自于一个人的仪态，包括你举手投足之间传达出来的气质，说话的声音、语调等；第一印象中只有7%来自于简单的交谈。也就是说，第一印象中的93%都是关于你的外表形象。

所有的人都知道要成功就得努力，但成功者为什么只占极少数呢？根据社会学家有效调查统计，形象占成功因素中的比例很大，然而平常人对于形象的理解只停留在外表的印象。据有关人才专业机构调查表明，当前大学生为就业准备的物品和花费占比分别为：制作简历 30%、自我包装 52%、购买有关就业资料 17%和其他 1%。从上述数据来看，现在的大学生与前两年相比，在注重自身学识和求职简历制作的同时，越来越关注个人的自我包装，以便面试时给用人单位留下良好的印象，但由于缺乏系统的、专业的和针对自身不同个性的定位包装等指导，求职学生往往花费了很多时间、精力和金钱，但效果却不甚理想。所以，如何在激烈的职场中把握机遇，获得成功，职业形象设计能给予帮助和指导，帮助大家在拥有靓丽外表的同时，更能自然流露出知性美，从而使自己不断成长。本书能使大家对职业形象有更全面的认识和了解，并对个人将来的专业形象有更准确的定位，从而对未来的职业生涯充满信心。

拓展阅读

首因效应：由美国心理学家洛钦斯首先提出的，也叫首次效应、优先效应或第一印象效应，指交往双方形成的第一印象对今后交往关系的影响，即“先入为主”带来的效果。虽然这些第一印象并非总是正确的，但却是最鲜明、最牢固的，并且决定着以后双方交往的进程。如果一个人在初次见面时给人留下良好的印象，那么人们就愿意和他接近，彼此也能较快地取得信任，并会影响人们对他以后一系列行为和表现的解释。反之，对于一个初次见面就引起对方反感的人，即使由于各种原因难以避免与之接触，人们也会对其很冷淡，在极端的情况下，甚至会在心理上和实际行为中与之产生对抗心理。

7秒印象：某人是否值得信赖、能力出众、讨人喜欢或者充满信心？大脑会以惊人的速度完成这些判断。美国纽约大学的研究人员发现，对于第一次见面的人，我们的大脑会在最初的7秒钟内做出11项重要决定。在商业交往中，第一印象至关重要。虽然我们无法阻止他人做出仓促的决定——人类的大脑与生俱来就以这种方式工作——但我们需要了解如何做出有利于自己的决定。

晕轮效应：它是一种影响人际知觉的因素。这种爱屋及乌的强烈知觉，就像月晕的光环一样，向周围弥漫、扩散，所以人们就形象地称这一心理效应为光环效应。

和光环效应相反的是恶魔效应，即对人的某一品质或对物品的某一特性有坏的印象，这会使人对这个人的其他品质或这一物品的其他特性的评价偏低。

一、形象的含义

个人形象也就是一个人的外表或容貌，也是一个人内在品质的外部反映，它是反映一个人内在修养的窗口。

从心理学的角度来看，他人通过观察、聆听、气味和接触等各种感觉形成对某个人的整体印象，但有一点必须认清的是：个人形象并不等于个人本身，而是他人对个人的外在感知，不同的人对同一个人的感知不会是完全相同的，因为它的正确性被人的主观意识所影响，因此在认知过程中会在不同的人的大脑中产生不同的形象。

社会学者普遍认为一个人的形象在人格发展及社会关系中扮演着举足轻重的角色。人类容貌的改变有一定的理论可做依循，主要取决于人类的遗传基因、年龄和病变等。相比起其他物种，人类对于自身外表的变化显得更加敏感和在意，较热衷于修饰自己的外表和容貌，但在不同的文化里，对美和丑的定义有较大的差异。

对个人形象的感知其实体现出个人的社会认知感，形象不仅是单单体现在衣食住行等方面，而且包括在社会活动以及社会交流过程中体现出来的认知自我以及自我认同的过程，那么这种个人形象自然是和心理活动有着密切的联系的。

维护在别人面前个人形象的原因体现在以下几个方面：首先，个人形象反映着个人的素养；其次，个人形象能够客观地反映个人真实的生活状态；再次，个人形象体现出交流过程中个人的意愿；最后，个人形象和工作有着直接的联系。个人形象既是个人发展的需求，也是社会发展对于个人的要求。

形象涉及“显性”和“隐性”两大因素，外在的显性因素通常一目了然，而内在的隐性因素则不易看清楚，但任何一种显性因素的表象都会最终显现隐性因素中的一些特性。“以貌取人”是职场中的常态，而能够最直接、最快速协助你达到目的的第一项必备手段就是“形象包装”。

二、职业形象的含义

（一）职业的含义

职业是人类社会分工的结果，随着社会历史的发展，生产力水平在科学技术的推动下越来越高，社会分工越来越精细，职业的类别和内部构成也越来越复杂，外部关系也随之丰富，对职业这个概念的界定角度，所涉及的内涵也越来越多、越来越丰富。

从词义学的角度解释，构成“职业”这个词的“职”字，有“社会责任”“天职”“权利与义务”的含义，而“业”这个字，有以某些特殊的技能“从事某种业务”“完成某种事业”的含义。

美国社会学家舒尔兹认为，职业是一个人为不断取得个人收入而连续从事的具有市场价值的特殊活动，这种活动决定着从业者的社会地位。

日本劳动问题专家保谷六郎认为，职业是有劳动能力的人为生活所得而发挥个人能力，为社会做贡献的连续活动。他认为职业具有五个特性：第一，经济性，即职业是个人收入的来源；第二，技术性，即职业需要个人才能与特长，并提供能发挥个人才能与特长的舞台；第三，社会性，即职业要求个人承担社会分工、履行公民义务；第四，伦理性，即职业要求个人从业行为符合社会需要，为社会提供有用的服务；第五，连续性，即职业人员所从事的劳动是相对稳定，而非中断性的。

美国著名哲学家、心理学家杜威从实用主义哲学观点出发，认为职业是人们从中可以得到利益的一种生活活动。

美国社会学家泰勒在《职业社会学》一书中提出：职业的社会学概念，可以解释为一套成为模式的与特殊工作经验有关的人群关系。

我国学者陈婴婴认为，职业是指个人进入社会的物质生产或非物质生产过程后获得的一种社会位置，个人通过这一社会位置加入社会资源的生产和分配体系，并建立相应的社会关系。

综合以上定义，职业指人们从事相对稳定的、有收入的专门类别的工作。它是对人们的生活方式、经济状况、文化水平、行为模式、思想情操的综合性反映，也是一个人的权利、义务、权力、职责，进而是一个人社会地位的一般性表征。也可以说，职业是人的社会角色的一个极为重要的方面。

（二）职业形象的含义

所谓职业形象，是指人们对某种职业的承担者的所有行为和表现的总体印象和评价，它是构成个人形象的基本因素。职业形象本质上也是一种角色形象。

职业形象从内涵、外显两个方面去归纳，可以分为内在因素和外在因素。内在因素是职业形象中最重要的方面，包括职业承担者的职业责任感、职业道德、职业认知、职业心理特征和职业技能等，它是职业形象的内涵；外在因素包括职业承担者在职业行为过程中的衣帽服饰、仪表、仪容、言谈举止、姿态动作等，它是职业形象的外在表现。职业形象不仅来源于人们对职业承担者所表现出来的看得见、摸得着的外在行为的观察，而且还源于人们对职业承担者内在精神的感知和体验。职业形象即是职业承担者的内在精神。各方面活动和所有外在表现的一系列客观状况的反映是其内在因素和外在因素的有机统一。

三、塑造职业形象的意义

案例 1-1

小刘是一家公司的业务员，口头表达能力不错，对公司的业务流程很熟悉，对公司的产品及服务的介绍也很得体，给人感觉朴实又勤快，在业务人员中学历是最高的，可是他的业绩总是上不去。小刘自己非常着急，却不知道问题出在哪里。

小刘从小有着大大咧咧的性格，不爱修边幅，头发经常是乱蓬蓬的，双手指甲长长的也不修剪，身上的白衬衣常常皱巴巴的并且已经变色，他喜欢吃大饼卷大葱，吃完后却不知道去除异味。小刘的大大咧咧能被生活中的朋友所包容，但在工作中常常过不了与客户接洽的第一关。

【分析】小刘的这种职业形象在与客户接触的第一时间已经给人留下不好的印象，让人觉得他是一个对工作不认真，没有责任感的人，通常很难有机会和客户做进一步的交往，更不用说成功地承接业务了。在职场交往中，我们的职业形象是很重要的。头发的修饰是基本的仪容修饰。头发，在一定程度上显示这男性的特点。所以对于头发，应该定期修剪和清洗。长指甲容易给人以不卫生的印象。衬衣则应挺括、整洁、无褶皱。嘴巴有异味也是很不礼貌的，在应酬前应忌食蒜、葱、韭菜等刺激味食物。小刘的职业形象给人不负责任之感，是失败的社交事件。

职业形象包括多种因素：外表形象、知识结构、品德修养、沟通能力等。不同职业和地位的人都有适合各自的形象定位，这是社会赋予每个人的责任和义务。正确的形象设计可以彰显出从业者的专业性和权威性，所以塑造出适合自己职业和地位的形象是非常重要的。

1. 塑造好的职业形象有利于形成好的第一印象

职业形象是很重要的，良好的职业形象可以提升个人的整体素质，在职场中，职业形象影响着每一个人。职业形象成为一项职场竞争力，不仅影响别人对你的第一印象，更影响着你的职业生涯。人是感性动物，“以貌取人”无法完全规避，职场形象影响着职业生涯多个方面，职业形象差，不仅交不到朋友、找不到客户，还会大大降低升职加薪的机会。职业形象会影响个人与同事、客户的交往，因此留下美好的第一印象非常重要。第一印象不会有第二次机会，我们必须学会如何协助他人正确地“以貌取人”。

工作中需要接触客户的精英们对职业形象的关注程度远高于不需要接触客户的人。在专业技术与业务能力之外，职业形象本身就是竞争力，性格写在脸上，人品刻在眼里，生活方式显现在身材上，审美看衣着，客户“以貌取人”就能“感受”到精英的专业与影响力。

企业在面试时也非常看重面试者的第一印象，在最不能接受的个人形象问题方面，252 位 HR 中有 52.2%的人选择了不合时宜的着装，31.3%的人选择妆容过于夸张，16.5%的人则对面试者的言谈举止不够职业表示不能接受。管理好自己的职业形象，不但有助于建立自信心，而且能为自己创造友善、有利的职场环境。因此，身在职场中的男女，应时刻保持自己良好的职业形象，留给第一次与你见面的人无可挑剔的第一印象。

2. 职业形象承担着对一个组织的印象

不同行业对职业形象的关注程度也差别较大，金融、广告/传媒、房地产等行业最为人关注，化工/能源、生产制造行业受关注度较低。对外接触较多的服务性行业，往往对职业形象更为重视。某房产中介企业，针对员工的职业形象，根据不同季节、不同性别的员工从正面、侧面、全身三个角度制定了形象要求。除此之外，还为员工提供化妆课程，帮助员工提升职业形象。

如果你所从事的职业与时尚有关，或者就是引领时尚潮流的，那么打扮入时、前卫就显得比较专业，如果穿得保守老套就会让人生厌。如果你所从事的职业与时尚没有直接关系，或者根本就无任何关联，而你却恣意张扬、过于摩登，结果就会引起领导与同事的不满，甚至被“炒鱿鱼”也不无可能。

总之，职业形象需要严格恪守一些原则性尺度。首先，最为关键的就是职业形象要尊重企业文化的要求，不同文化背景的公司肯定对个人的职业形象有不同的要求，绝对不能我行我素破坏企业文化的制约，否则受损的永远是职业人自己。其次，不同的行业、不同的企业都存在集体倾向性，只有在你的职业形象符合主流趋势时，才能提升自我值。

3. 职业形象影响着企业的发展

作为一个企业，个人形象在很大程度上影响着企业的成功或失败，这是显而易见的。只有当企业员工真正意识到了个人职业形象与修养的重要性时，才能体会到职业形象给自己带来的机遇有多大。同时要注意交往的对象，与大众传播、广告或是设计之类等需要天马行空般灵感的行业人士交往时，职业形象方面可以活泼、时髦些；而与金融保险或律师事务所及日系公司等以中规中矩形象著称的行业人士交往时，则尽量以简单稳重的造型为佳。如果你注意到了这一点，那么你已经成功了一半。

总之，交往中给上司、同事、商务伙伴及客户以专业稳重的个人印象是至关重要的，因此在出门上班前正确地选择服装、发式，注意自身的言谈举止，对你的工作绝对多有加分的效果。

四、职业形象设计要素

个人职业形象，是一个人让他人可以看得到、感觉得到的综合印象，包括视觉形象、社交形象、政治形象、人格形象、心理形象、才能形象和财力形象等方面。

（一）视觉形象

是指一个人通过其外貌、服装及饰物、举止、言谈、礼仪等方面表现出来的形象。它主要由下列要素构成。

1. 外貌形象

外貌形象即由年龄、相貌、身材、神韵、表情等因素表现出来的形象。神韵，就是一种气质魅力，气质魅力是职业形象之源。如一个人的仪表堂正、充满活力、英姿勃勃、性格开朗、体魄健康、情绪乐观、表情欢快、兴趣广泛等，都是取得他人良好的第一印象、建立富有吸引力的形象要素之一。

2. 仪表形象

一个人的仪表形象体现出他的文化素养、审美观和欣赏水平，而且它通过服饰、发型、妆容等形式表现出来。不同的服饰、发型、妆容，会让他人感觉出不同的形象，同时，也给他人传递着交往的信息。

案例 1-2

“华丽”的笑话

公司里一位喜欢打扮的女孩，某次参加公司组织的一次庆典宴会，戴了四枚戒指，一枚是绿色的翡翠，一枚是黑色的玳瑁，一枚是咖啡色的玛瑙，一枚是黄色的琥珀。由于穿着高领衫，项链没看见。耳环则有两组：一紫一蓝。结果招来了大家的笑话与指点，甚至有的人笑话她“远看圣诞树，近看杂货铺”。

思考

结合案例分析视觉形象在职业形象设计中的作用。

（二）社交形象

在多变的社交场合，人们的仪表礼节、言谈举止都有一定的规范。社交形象也是人的外表形象的又一表现形式。

1. 礼仪形象

通过一个人的仪态、言谈、举止和讲究礼仪、礼貌表现出来的尊重他人和自己修养水平的形象。讲究礼仪、礼貌是中华民族的传统美德，也是尊重他人的具体表现。

2. 人际形象

作为社会人，我们并不是被动地被社会制约、塑造着，当我们在注重自我完善时，也改善了人与人的社会关系，塑造着整个社会。

案例 1-3

知名礼仪与公共关系专家金正昆教授曾谈起过他的一次经历：有一个同志问我：“金教授一个月能挣多少钱？”我跟他开玩笑，我说：“挣得跟别的教授差不多。”所答非所问，就是不想跟你深入探讨。没想到他很认真地追问：“那别的教授一般挣多少？”我说：“国家给多少就是多少。”他又继续追问：“国家到底给你多少？”……

分析

在有效沟通环节上出了问题，过于好奇或者过于关心都会给别人带来难堪，最终招致别人反感。

（三）政治形象

政治形象是我们在生活和工作过程中表现出的政治立场坚定，政治观点鲜明，遵纪守法，热爱祖国，热爱人民，把祖国命运、社会发展与个人前途、事业紧紧相连，在大风大浪、大是大非的问题上，坚持真理，深明大义，维护国家利益的形象。

（四）人格形象

人格是个体的立身之本，没有人格也就失去了形象。人格形象，是一个人通过自己的言行表现出来的品格形象。人的言行是由其思想观念决定的，而人格形象是职业形象之魂，主要包括以下两个方面。

1. 品德形象

是一个人在道德品质方面的形象。道德是做人的基础，是一个社会、一个阶级向人们提出的处理人与人之间、人与社会、人与自然之间各种关系的一种特殊的行为规范。职业道德是人格的一面镜子，是事业成功的保证。简单地讲，一个人一是学做人，二是学做事。“做事”和“做人”毕竟是两回事，做好了“事”，并不等于做好了“人”，而要做好“事”，必须先做好“人”。

2. 价值形象

就是价值观，具体表现在个人的理想、追求、人生目标等方面。臧克家先生写过这样的诗句：“有的人活着，他已经死了；有的人死了，他还活着。”很多青年人都曾思考过死与活的辩证哲理，有过理解之后心灵的震颤。一切希望实现人生价值的人都应记住，由于我们赖以实现人生价值的手段是从社会中获得的，而我们的成就和作为也只有对社会有用才能被认为是有价值的。因此，我们只有一种选择：在献身社会中完善自己，实现人生价值。

（五）心理形象

建立良好的心理形象一要坚定自信心，敢于进取，敢于创新，勇于实践；二要提高自己的观察力、决断力，克服“没主见”的毛病，敢于决策；三要克服心理障碍，调适自我性格，让社会接受自己。

1. 意志形象

个体选择了一个目标，树立起一种“不到长城非好汉”的信念，还要付出执着于此、锲而不舍、坚忍不拔、百折不挠的努力。成功主要取决于个人的意志和条件。意志在坚持目标和克服困难的行动中表现出来，又在坚持目标和克服困难中得到磨砺、考验。意外、逆境、危机是我们发展机会的新起点，不能气馁、沮丧，更不能放弃。这个世界上没有被淘汰的人，只有自动退场的人。

2. 个性形象

培养良好的、积极向上的学习态度、工作态度、生活态度。保持良好心态，养成优良的性格，具体分析自身气质，塑造个性形象。锻炼心理承受能力，当自己遇到不如意的事件或者无法克服的困难时，仍能够保持正常心态和行为。我们要有永不放弃的信心和毅力，又要有海纳百川的胸怀和气度。增强心理适应能力，遇到突发的环境变化、情况变化时，能及时调整自己的心理状态并使之适应新环境和新情况。

（六）才能形象

才能形象，是一个人从事自己专业工作所必须具备的特殊能力，也就是工作的角色能力。专业人才不仅要敬业爱岗，而且要对自己从事的专业精益求精。

（七）财力形象

财力形象是职业形象中重要的要素之一，财力形象主要是指对金钱的态度与正确使用金钱的智慧，这是一个人是否独立与成熟的标志。人活着当然需要物质和金钱，但这并不是人活着的唯一目的。财力形象需要注意两点，就是勤俭节约形象与精神财富形象。勤俭节约形象也就是勤劳而节俭；精神财富形象则指积极的精神态度，还包括自我约束力也就是自律，自律是一个人走向成功的必备品格。

五、职业形象管理

职业形象管理也是一种竞争力，职场也是战场，一个疏忽，就会全盘皆输。外在形象都是内在精神状态的投射，职业形象其实是人们对自己社会价值的评价。你觉得自己的工作虽然平凡，但是对社会有价值，就会展示出“职业范儿”和“价值感”，反过来看，你在工作中展示出什么样的状态，社会就会对你做出怎样的评价。

管理第一步：找出问题的根源

充分利用自己的形象资源，找到自己的美丽原点，美不是从掩盖缺陷而是从发挥自己的优势开始。用科学的方法找到自己的优劣势，根据自己的职业特征及正确的规律，选择合宜的职业形象设计。

管理第二步：明确要解决的问题

找到自己的形象定位，包括显性因素（如皮肤颜色、体态、身高、脸型等）与隐性因素（如年龄、生活方式、身份地位、职业特征、工作场合等），将两者结合，确定适宜的形象设计，进行感性的看、理性的管。当然职业形象也不是一成不变的，当工作、年龄、社会等发生了变化，职业形象也应发生变化。

管理第三步：解决问题

管理好自己的职业形象，不但有助于建立自信心，而且能为自己创造友善、有利的职场环境。要建立一套完整的形象解决方案，要求包括发型、化妆、服饰、行为举止等所有要素合理搭配，是从头到脚、由内至外的。

总之，职业形象管理是一个系统，包括思想、行为与外表的和谐统一。其中，思想系统是职业形象的核心系统，包括职业理想、职业信念、职业道德、职业品质、职业心理等；行为系统是职业形象的运作系统，包括为人处事行为、人际交往行为和工作能力行为等；外表系统是职业形象的外在系统，包括眼神、表情、服饰、动作等。在职业形象管理中，行为系统和外表系统是所谓的“八分之一”，而思想系统是所谓的“八分之七”，并深刻地影响着我们“八分之一”的显性素质。

项目任务书

一、分组

将一个班的学生分成6～8个团队，每个团队5～7人。具体步骤如下所述。

（1）教师先通过让学生自荐和推荐的方式选出各队队长，明确队长的职责。（负责本团队所有活动的组织、安排、协调工作，同时自己带头完成分配给自己的工作，督促、帮助其他成员完成相应的工作。）

（2）由队长在课堂上自行联系本班同学，组成自己的团队。每个团队中的成员应该男性与女性合理搭配，每个团队最好分别有性格外向的、性格内向的、表达能力强的、计算机能力强的、文字能力强的、组织能力强的学生。

二、分工与安排

（1）首先要全部认真地阅读该次项目任务的所有内容，清楚自己需要完成哪些任务（哪些是需要集体合作共同完成的，哪些是自己独立思考完成的）、如何完成、何时完成，做到心中有数。

（2）组长针对任务内容进行详细分工与安排，并将最终任务安排明细在小组里宣布，做到组内的每个成员都非常清楚。然后组员按照组长的分配开始行动。要保证时间安排合理，在规定的时间内完成各项任务。

注意：需集体共同完成的任务由组长组织协调分工（什么时间谁负责查找资料，如何进行市场调查，什么时候研讨并分析，什么时候模拟练习，什么时候填写分析报告，谁负责制作 PPT 等），避免争吵，要注意所分配的任务合理，以锻炼组员各种不同的能力，分工要利于高效完成项目任务。

（3）一定要在规定的时间内完成，团队组织到位，分工合理，整个活动过程有序、有效；资料查找完整，在规定时间内将任务产出内容填写完整，清晰明了且表达生动。

（4）组长与组员商讨本组任务分工与安排后，填写任务分工安排表。

注意：在组长的任务书中填写的是完整的任务分工安排表，即整组每个成员的任务安排，个人的任务书中则只需要将自己的任务分工与安排填写清楚即可。

（5）不清楚的地方请及时向指导教师询问。

（6）根据计划填写计划表，如表1-1“计划安排表”。

表1-1　计划安排表

练习编号	任务内容及说明	时间安排	负责及参与人员	备注说明

续表

练习编号	任务内容及说明	时间安排	负责及参与人员	备注说明

填表说明：（其他任务分工安排表同）

练习编号：参见项目任务执行，个人填写所负责对应的编号；

练习内容：将具体的任务内容安排填写清楚，并非简单地将每个任务的标题填写进去，有时候为了完成一个子任务，需要将其进行拆解，形成若干小任务；

时间安排：格式为：××月××日××点—××月××日××点；

负责及参与人员：填写小组成员姓名；

备注说明：为了更好地完成任务，其他需要增加的内容。

三、练习内容

练习 1：重视职业形象设计

阅读案例后，完成思考与分析，填写并完成表 1-2 的“成果产出表 1”。

案例一

面试“轻轻关门”，应聘跨进银行大门

有一天，一家银行门口贴出了招聘广告。由于银行工作稳定，福利待遇好，很多人都想去应聘。参加面试的人很多，“砰砰”的关门声加剧了紧张的气氛。前面面试出来的人，有的喜形于色，有的万分沮丧。排在我前面的女孩儿长得很漂亮，凹凸有致，和她相比，我像豆芽菜，我想我可真够倒霉的，排在她后头，主考官刚欣赏完一个美女，再来看我，反差也太大了。

漂亮女孩笑着从主考官办公室走出来，随着“砰”的一声关门声，下一个该轮到我了。我整整衣裳，大着胆子往里闯……很幸运，问题挺简单，在要求自我介绍后，考官只问了几个简单的小问题。我回答完后，主考官点点头，面无表情地说：“你可以走了。”没有看到微笑，我心想也许没戏了，就朝门口走去，我正准备开门时，出于礼貌又返身朝他们鞠了一躬，道了一声：“谢谢”，然后轻轻开门，又随手轻轻关上了门。从银行大厦里走出来，我安慰自己，银行的工作太刻板了，不来也好。

20 天后，银行方面打来电话通知我，告诉我被录取了，我很意外，但也非常高兴。第一天上班，在我去领制服的时候，碰到了那天面试我的主考官，他向我表示祝贺。我奇怪地问他，在几百人中他怎么会记得我，他回答我说：“那天我们接待了约 300 个应聘者，你是唯一一个向我们鞠躬，并且关门关得那么有礼貌的人。我们是服务行业，礼貌待人是我们对员工的基本要求。”

这是我的一次求职经历，虽说是误打误撞的成功，却让我明白了一件事，也许我们

不是最优秀的，但是即使是在我们失意时，也要讲礼貌，也要给人们展露我们的微笑。

案例二

一所名气很大的幼儿园的老师上门家访，结果引出了转学风波，这是怎么回事？原来，幼儿园老师上门家访后，她前脚离开，后脚家长就给园长打电话，“我们一定要转园！”孩子的奶奶和妈妈斩钉截铁地说。园长想不通了，别人抢着要求进园，这家人却强烈要求退园，一问原因才知道，家长的理由是：“来家访的女老师穿着吊带背心，而且还是露脐装！我们怎么放心将我们的小宝贝交给这样的老师！”

表 1-2　成果产出表 1

问题与思考	分析与启示
1. 案例一中的主人公能应聘到该岗位的主要原因是什么？谈谈给你带来的启示。	
2. 案例二中是什么导致家长要求退园？如果你是园长，你会如何指导家访的教师？	
3、结合所学知识与以上案例，分析职业形象设计的要素及意义。	

练习 2：职业形象设计的要素

阅读案例后，完成思考与分析，填写并完成表 1-3 的“成果产出表 2”。

案例一

老大爷与服务员

一天，某商场男装裤子区来了一位老大爷，营业员小夏热情地接待了他。当得知大爷想看一看裤子的时候，小夏便拿来了凳子，先让大爷坐下，然后又将适合大爷的裤子一一拿到大爷面前，让大爷挑选，并帮助大爷一一试穿。刚开始，大爷只是笑着试穿，并没有表示要购买，但是小夏自始至终都保持微笑，耐心、详细地回答大爷的每一个问题。在试过十几条裤子后，大爷问：“姑娘，我穿得这么破旧，身上又很脏，你却还是这么热情地对我，你就不怕我买不起吗？”小夏听后，笑着对大爷说：“我不怕，只要是来商场的顾客，我都会一样地对待，因为，让顾客满意，是我们最大的心愿，您买不买都没关系的！”大爷听后，满意地点点头，并起身指着两条刚刚试过的 100 多元的裤子说：“姑娘，这两条裤子我买了，帮我开票吧！我去过很多地方，但只有你们的服务最让我满意，你非但没有因为我的穿着破旧而瞧不起我，还对我像对家人一样，让我心里很温暖，以后，我买东西一定还来这里，一定还找你！”

案例二

乱扔的纸团毁了数百万元的订单

小张是某公司的员工，某天正好去财务部窗口领工资。在等候的时候，他随手把手中捏着的一张无法报销的票据揉成团扔在了地上。其他部门的同事看见了，心里说："那个××部门的人素质真差!"恰巧此时有位顾客来财务部交定金，他看到小张把纸团扔在地上，心里想："这个公司的员工如此行事，他们做的东西质量会好吗？售后服务会有保障吗？还是先别交定金了吧，回去再斟酌斟酌!"生产部经理陪着几位外商参观公司，正好路过这里，地上的纸团没有逃过大家的眼睛，结果外商指着那纸团问老板："这样的员工，能做出符合质量要求的产品吗？"本来不费吹灰之力便能扔到垃圾桶里的一小团废纸，导致公司失去了数百万元的订单。

案例三

做梦与考试

一个进京赶考的秀才，考试前做了三个奇怪的梦：一个是梦见自己在古城墙上种白菜；一个是下雨天里自己穿着蓑衣，还打着伞；另一个是他和自己心仪已久的姑娘大白天背靠着背睡在一张床上。秀才找到算命先生解梦。算命先生解析到：第一梦，古城墙上种白菜，种了也是白种。因为城墙土是经过烧制的，根本无法种菜。这说明你这次考试考了也是白考。第二个梦，下雨天穿着蓑衣就可以了，又打了伞，是多此一举。这说明你这次考试纯属多余。第三个梦，你大白天和姑娘睡在一张床上，这是在白日做梦。秀才万念俱灰，回到所住旅店欲卷铺盖回家。店老板问清缘由后，呵呵大笑道：好梦！好梦！这三个梦保你金榜题名。接着店老板解释道：城墙上种白菜，这是高种，说你这次一定会高中；穿着蓑衣，还打着伞，说明考试万无一失；和自己心仪的姑娘背靠背睡着，说明你的大喜日子到了。

案例四

才 能 形 象

小李在过去十年里，先从事财务工作，抓住了一次机会进入市场领域发展，之后在销售、客户服务方面有过短暂停留，最近在某公司项目部门工作了一年多时间。但现在的工作十分不如意，项目管理工作她做得不是很出效果，部门的新人又给她很大的压力。考虑很久她终于打算再次跳槽，满以为凭自己丰富的工作经历打造的"全才"形象肯定会成为职场宠儿，但事实相反，她面试的所有单位都对她的经历摇头。小李惊呼：怎么会这样?

丽莎在大学学的是公共关系专业，毕业后在一家公司做市场部经理助理，协助市场策划等工作，三年后进入另外一家规模不大的民营企业担任公关部经理。工作期间她坚持继续学习市场策划和品牌管理专业知识，现在在某知名外资企业担任品牌经理，工作得十分开心。

表 1-3　成果产出表 2

问题与思考	分析与启示
1. 职业形象设计的要素都有哪些？	
2. 从职业形象要素的角度分别分析以上四个案例反映的是哪些职业形象设计要素，并结合案例谈谈这些要素在职业形象设计中的意义。	
3. 选取任意一个以上案例未涉及的职业形象要素，谈谈这个职业形象要素对你未来可能从事的职业会产生什么重要的影响。	

练习 3：职业形象管理与塑造

结合所学的知识，查阅相关资料，小组成员一起讨论后填写并完成表 1-4“成果产出表 3”。

表 1-4　成果产出表 3

1. 收集至少 2 名组员对你平时形象的评价

评价人签名	个人形象描述

2. 结合其他同学的评价，自我评价我的个人形象管理状况。

3. 结合未来可能从事的职业分析如何进行个人职业形象管理。

四、成果评价

（一）评分标准

本次项目任务分为三个子任务，每个任务的完成都有相应的分值，具体评价标准为：

（1）本次项目任务占据最后总评成绩的 10%；

（2）任务分工表填写符合要求，具有可操作性，记录详细清晰；

（3）认真记录与分析，按照要求进行分析并且分析得到位、正确、有说服力；

（4）在规定的时间内完成。

（二）分值分配

填写表 1-5，计算总分。

表 1-5　分值分配表

评分项	满分	个人评价（30%）	小组评价（30%）	教师调整（40%）	总评
任务分工与安排	5				
练习编号 1	30				
练习编号 2	30				
练习编号 3	35				
合计	100				

项目2 职业形象的思想层面

Project two

学习目标

（1）能够正确区分、判断不同气质类型及其特点；明确气质的价值，重视气质的培养；

（2）能够正确认知不同气质类型的职业形象设计的基本要求及特征，并能够进行灵活运用；

（3）懂得良好气质培养的要求，明确良好气质培养的途径，并进行不断的培养；

（4）了解情商管理的意义，明确情商管理的方法与技巧，能够运用方法与技巧管理自己的情商；

（5）了解情绪的含义，懂得如何控制自己的情绪；

（6）懂得团队合作的重要性，培养团队精神及时间管理能力，学会时间管理与控制。

知识铺垫

导入案例

周瑜三气致死

在小说《三国演义》第五十一回中，周瑜和诸葛亮约定，如果周瑜夺取南郡失败，刘备再去取。周瑜第一次夺取南郡失利受伤，然后就将计就计，最终打败了曹兵，但是诸葛亮却乘机夺取了南郡等地，既没有违约，又夺取了地盘。第五十五回，诸葛亮让刘备安然地回到了荆州，并且让周瑜中了埋伏，还让士兵讥讽周瑜“周郎妙计安天下，赔了夫人又折兵”。第五十六回，诸葛亮识破了周瑜的假途灭虢之计策，周瑜正要出战，孔明忽然差人送信来，劝他不要去取西川，如曹军乘虚而攻江南，江南就不保了。周瑜读完信，口吐鲜血，他知道自己活不长了，便上书孙权，推荐鲁肃代替他的职位。周瑜死前叹了口气说：“既生瑜，何生亮!”连叫数声而亡，死时才三十六岁。

思考 是什么导致周瑜英年早逝的?

案例分析

周瑜死时才三十多岁，当时他的事业正如日中天，他本来应该取得更大的功绩，但是他爱动怒，嫉贤妒能。所以，他不但没有取得更大的成功，反而因为持续的生气而早早地撒手人寰，可悲，可叹。

案例中周瑜的最终命运与其思想系统中的职业人格有着很大的关系，职业人格是一定社会的政治制度、物质经济关系、道德文化、价值取向、精神素养、理想情操、行为方式的综合体。它既是人的基本素质之一，又是人的职业素质的核心部分。职业人格包括气质、性格、能力等要素，是职业形象设计中不可忽视的内容。

一、职业形象与人格

在商务印书馆出版的《现代汉语词典》第 7 版中，“人格”一词的解释是“①人的性格、气质、能力等特征的总和；②个人的道德品质；③人作为权利、义务主体的资格”。从词典的解释中可以看出，人格所包含的内容十分丰富，大到一个人的人生观、价值观，中到一个人的能力道德，小到一个人的个性习惯，无所不包，而且无论哪一点都对人有着十分重要的影响。

（一）人格的特征

1. 独特性

每一个人都有不同的遗传因素，又在不同的环境条件下发育成长起来，因而各人都有自己独特的心理特点，没有哪两个人的人格是完全相同的，这就构成了人格的独特性。

解读：心理学家着重于个别差异的研究，但也承认，生活在同一社会群体中的人，也会有一些相同的人格特征。心理学家同样重视对这些共同特征的探讨。人格特征的独特性和共同性的关系就是个性和共性的关系，个性中包含着共性，共性又通过个性表现出来。

2. 整体性

人格的整体性是说包含在人格中的各种心理特征彼此交织，相互影响，构成了一个有机的整体。它虽然不能被直接观察到，但却表现在行动中，让人的各种行为所表现出来的特征是一个整体，体现了一个人独特的精神风貌。

解读：培养健康的人格，不能只抓行为、只抓认知，或者只抓情感等某一方面。因为人格是认知、行为、情感、动机、意志等协同活动的，不能把它单独切分。我们在分析人格时，有时是从行为习惯开始的，有时是通过激发情感开始的。但不管是从行为、情感、认知、价值观等其中的哪方面入手，它们都是不可分割的整体，所以人格具有整体性。

3. 稳定性

由各种心理特征构成的人格结构是比较稳定的，它对人的行为的影响是一贯的，是不受时间和地点限制的，这就是人格的稳定性。所谓“江山易改，禀性难移”说的就是人格具有稳定性。

解读：那些在行为中偶然表现出来的，属于一时性的心理特征不能称其为人格特征。例如，性格内向的人因为喝了些酒比较兴奋，一时话多了点，并不表明这个人具有活泼好动的性格特点。另外，人格的稳定性并不是说它就不会发生变化，实际上，随着社会生活条件的变化和一个人的发育成熟，他的人格特点也会发生或多或少的变化。

4. 功能性

外界环境的刺激是通过人格的中介才起作用的，也就是说，人格对个人的行为具有调节的功能。因而，一个人的行为总会打上他人格的烙印。所以，人格能决定一个人的生活方式，甚至能决定一个人的成败。

解读：同样面对挫折，性格坚强的人不会灰心，怯懦的人则会一蹶不振；一事当前，有人先从大局出发，首先顾及社会和集体的利益；有人则首先考虑自己的得失，甚至为了自己的利益不惜损害社会和集体的利益。

5. 自然性和社会性的统一

人格是在一定的社会环境中形成的，因而一个人的人格必然会反映出他生活在其中的社会文化的特点，如他受到的教育的影响。这说明人格有社会制约性。但是，人格的形成必然要以神经系统的成熟为基础。所以，人格又是人的自然性和社会性的统一。

解读：每个人在生下来时都是一个生物的个体，具有生物的自然性特征。但是出生以后，他就要进入到社会中生活。为了能够很好地适应他所生活的社会、文化环境，他就要掌握这个社会的行为道德规范、价值观念、信念体系、风俗习惯、风土人情等。只有这样，他才能够融入到这个社会，更能让自然性的个体得到生存和发展。所以，在社会化的过程中，我们逐步获得了社会性，也逐步让自己变得更像社会当中的大多数人。

（二）人格与职业关系

美国职业心理学家霍兰德创立的人格类型理论对人才测评的发展产生了重要的影响。

在人格和职业的关系方面，霍兰德提出了一系列假设：①在现实生活中，可以将人的人格分为六种类型：实际型、研究型、艺术型、社会型、企业型与传统型。每一特定类型人格的人，便会对相应职业类型中的工作或学习感兴趣；②环境也可区分为上述六种类型；③人们寻求能充分施展其能力与价值观的职业环境；④个人的行为取决于个体的人格和所处的环境特征之间的相互作用。在上述理论假设的基础上，霍兰德提出了人格类型与职业类型模式。不同人格类型的人需要不同的生活或工作环境，如“实际型”的人需要实际型的环境或职业，因为这种环境或职业才能给予其所需要的机会与奖励，这种情况即称为“和谐”。人格类型与环境不和谐，则该环境或职业无法提供个人的能力与兴趣所需的机会与奖励。霍兰德在其所著的《职业决策》一书中描述了六种人格类型与职业，如表 2-1 所示。

表 2-1 人格类型与职业

人格类型	特征（基本人格倾向）	典型职业（职业选择）
实际型（Realistic）	喜欢有规则的具体劳动和需要基本操作技能的工作，缺乏社交能力，不适应社会性质的职业	技能性职业（如一般劳工、技工、修理工、农民等）和技术性职业（如制图员、机械装配工等）
研究型（Investigative）	聪明、理性、好奇、精确，喜欢智力的、抽象的、分析的、独立的定向任务这类研究性质的职业，缺乏领导才能	科学研究人员、教师、工程师等
艺术型（Artistic）	具有想象、冲动、直觉敏锐、无秩序、情绪化、理想化、有创意、不重实际等人格特征。喜欢艺术性质的职业和环境，不善于事务工作	艺术方面的工作（如演员、导演、艺术设计师、雕刻家等）、音乐方面的工作（如歌唱家、作曲家、乐队指挥等）与文学方面的工作（如诗人、小说家、剧作家等）
社会型（Social）	具有合作、友善、助人、负责、圆滑、善社交、善言谈、洞察力强等人格特征。喜欢社会交往，关心社会问题，有教导别人的能力	教育工作者（如教师、教育行政工作人员）与社会工作者（如咨询人员、公关人员等）
企业型（Enterprising）	具有冒险、富有野心等人格特征。喜欢从事领导及企业性质的职业，独断、自信、精力充沛、善社交等	政府官员、企业领导、销售人员等
传统型（Conventional）	具有顺从、谨慎、保守、实际、稳重、有效率等人格特征。喜欢有系统有条理的工作任务	秘书、办公室人员、计事员、会计、行政助理、图书馆员、出纳员、打字员、税务员、统计员、交通管理员等

上述的人格类型与职业关系也并非绝对的一一对应。霍兰德在研究中发现，尽管大多数人的人格类型可以主要地划分为某一类型，但个人又有着广泛的适应能力，其人格类型在某种程度上相近于另外两种人格类型，则也能适应另两种职业类型的工作。也就是说，某些类型之间存在着较多的相关性，同时每一类型又有种极为相斥的职业环境类型。霍兰德有一个六边形简明地描述了六种类型之间的关系，相邻的两种倾向有较多相似点，倾向距离越远相差越大。如图 2-1 所示。

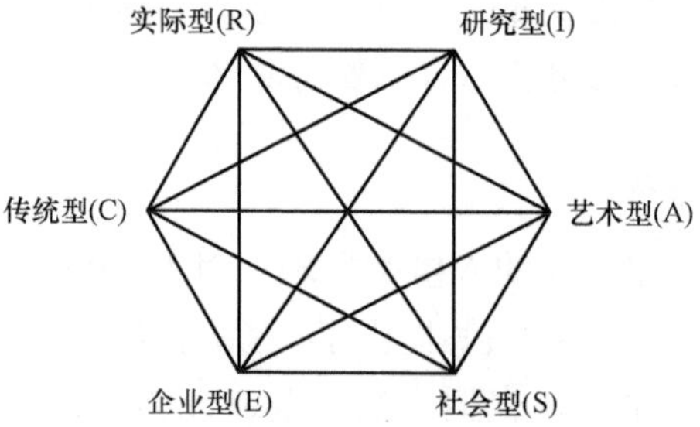

图 2-1 霍兰德职业兴趣六边形模型

根据霍兰德的人格类型理论，在职业决策中最理想的是个体能够找到与其人格类型重合的职业环境。一个人在与其人格类型相一致的环境中工作，容易得到乐趣和内在满足感。因此在职业选择与职业指导中，首先就要通过一定的测评手段与方法来确定个体的人格类型，然后寻找到与之相匹配的职业种类。为了确定个体的人格类型，就需要大量运用人才测评的手段与方法。

二、职业形象与气质

（一）气质的概念

“气质”在《现代汉语词典》（第7版）上的解释是：①人的相当稳定的个性特点，如活泼、直爽、沉静、浮躁等，是高级神经活动在人的行为上的表现。②指风格；气度。日常生活中所言“脾气”与“禀性”，就是我们在心理学中所言的气质。

气质是人的个性心理特征之一，它是指在人的认知、情感、言语、行动中，心理活动发生时力量的强弱、变化的快慢和均衡程度等稳定的人格特征。气质主要表现在情绪体验的快慢、强弱、表现的隐显以及动作的灵敏或迟钝方面，因而它为人的全部心理活动表现染上了一层浓厚的色彩。它与日常生活中人们所说的“脾气”“性格”“性情”等含义相近。气质的个性差异，在刚出生的婴儿身上已经存在。任何人的气质都是独特的，两个人具有一模一样的气质是不可能的。

（二）气质的类型

1. 根据体液分类

古希腊时期，希波克拉底医生提出人的体内含有四种体液，即血液、黏液、黄胆汁和黑胆汁，这四种体液构成了人体的性质。俄国生物学家巴甫洛夫为了说明人体的性质和区别，提出了气质这一术语，并且根据这四种体液中哪一种在人体内占优势，把人的气质分为四种类型：

（1）多血质：血液在体内占优势，又称活泼型。这类人的特点是反应迅速，喜欢交际和表现自己，感情强烈而富于变化，主动性与可塑性强，注意力容易转移，兴趣多变。

（2）胆汁质：黄胆汁占优势，又称不可遏制型。这类人的特点是直率热情，精力充沛，主动性强，易激动，情感强烈，难于克制自己，可塑性差。

（3）黏液质：黏液占优势，又称安静型。这类人的特点是安静稳重，反应慢，沉默寡言，不善交际，情绪稳定，注意力和兴趣持久且难以转移，善于忍耐。

（4）抑郁质：黑胆汁占优势，又称抑郁质型。特点是行动迟缓，敏感细致，不愿与人交往，具有鲜明的内倾性，情绪体验深刻，善于觉察别人不易觉察到的细节。

人的气质类型可以通过一些方法加以测定。但属于某一种类型的人很少，多数人是介于各类型之间的中间类型，即混合型，如胆汁—多血质，多血—黏液质等。

2. 气质体型说

德国精神病学家与心理学家克雷奇默从先天的生理角度出发，认为人的不同体型是导致人具有不同气质的最主要原因。这种学说认为：

（1）瘦长型的人多为分裂气质的人：他们宁静、冷漠、不喜欢与人交往。

（2）矮胖型的人多为躁郁气质的人：他们活泼、开朗、亲切、温柔、直率、爱社交。

（3）强壮型的人多为黏着型气质的人：他们认真、固执、有韧性、情绪稳定且有爆发性。

3. 体型气质说

美国心理学家谢尔顿从克雷奇默的成果出发，对人的体型与气质的关系做了更为深入的研究，提出了“体型气质说”：

（1）内脏紧张型：行为随和、好交际、图舒服、好美食、好睡觉、爱做轻松的事。

（2）身体紧张型：精力充沛、大胆直率、冲动好斗、武断、过于自信。

（3）头脑紧张型：内心丰富、思考周密、倾向于智力活动、不好交际、敏感、反应迅速、睡眠差、易疲劳、爱好艺术。

4. 美学角度的气质

美学角度的气质指的是一个人的风格、风度及其风貌。这也可以用“好看”和“不好看”来概括。但什么是好看的，什么是不好看的，二者如何界定？所谓仁者见仁、智者见智，根本无法统一。

5. 阴阳五行说

我国古代医书对人的心理和生理上的个性差异进行了详细描述，把人归为五种不同类型：

（1）金型的人：面呈方形、皮肤白色，肩膀和脚都小，骨头轻；为人清廉，性情急躁刚强，办事严肃认真、果断利落、态度坚定不移。

（2）木型的人：肤色苍白，头小脸长，肩阔背直，身体弱小；忧虑，勤劳。

（3）水型的人：皮肤较黑，头大，肩膀狭小；好动，走路时身体摇晃，无所畏惧，不够廉洁。

（4）火型的人：皮肤发红，背部肌肉宽厚，脸型尖瘦，头小，手足小，步履稳重，走路时肩背摇晃；性格多疑，缺少信心，态度诚恳。

（5）土型的人：皮肤呈黄色，头大脸圆，腿部壮实，手足不大，肌肉丰满，身体匀称；助人为乐，对人忠厚。

（三）气质的价值

气质既不决定一个人性格发展的方向，也不决定一个人能力的大小，因而气质并不能决定一个人存在的社会价值和成就的大小。任何一种气质类型的人都可以在自己的事业上取得成功。

但实践证明，人的个性的形成又不能不受到气质因素的制约。气质与职业活动有一定的关联，气质会影响人活动的风格，从而会使人的行为不可避免地带有一定的个性特征；同时，气质也会在一定程度上影响人的活动效率。所以，从气质与才能、性格的辩证关系中来全面地把握人的气质差异及其影响是非常必要的。

气质虽然在人的实践活动中不起决定作用，但是有一定的影响。气质不仅影响活动进行的性质，而且还可能影响活动的效率。例如，要求做出迅速灵活反应的工作对于多血质和胆汁质的人较为合适，而黏液质和抑郁质的人则较难适应。反之，要求持久、细致的工作对黏液质、抑郁质的人较为合适，而多血质、胆汁质的人又较难适应。在一般的学习和劳动活动中，气质的各种特性之间可以起互相补偿的作用，因此对活动效率的影响并不显著。

（四）气质与职业形象设计

课堂讨论

根据不同的气质类型分析如何设计职业形象。

人的气质与形象是密不可分的，气质的优化是从人的内心方面对人的形象进行的根本性优化，这就要求人们在对自身职业形象的气质因素进行设计与训练时，学会观察、分析周围人的气质特征，选择合适的设计方案与训练方式，长期坚持，就一定会达到改善原有气质特征、塑造新的职业形象的效果，心理学家霍华说："一个人最后在社会上占据什么位置，绝大部分取决于非智力因素。"气质特性虽然是天生的，但仍具有可塑性，尽管这种改变是缓慢的，但只要通过努力，改变某些气质的消极因素，对于职业形象的改善仍具有积极意义。不同气质与职业形象的关系如下所述。

1. 多血质气质与职业形象

（1）情感职业形象：健谈，幽默，自我表现欲望强，喜欢聚会，感情外露，性格善变，有些孩子气。

（2）工作职业形象：对所有职业都能适应，对于新的环境适应能力较强。这种气质的人，无论做哪一行业内的哪一种工作，都可以胜任，而且很快就会成为一个团队中独当一面的人物，但做事容易表面化，且不大会安于现状。这种人有时会被误解。

（3）职业形象：追求个性风格，质朴、明快，热情大胆，给人一种朝气蓬勃的感觉。

2. 抑郁质气质与职业形象

（1）情感职业形象：做事慎重，通常会经过仔细考虑之后再采取行动，而且善于将面对的问题在大脑中组合、计算、确定对策，然后再按预定的目标一个一个地去实行，最后将问题处理好。

（2）工作职业形象：有行政能力，能面对压力解决问题，能顺利地调和矛盾，工作仔细耐心，但过于悲观。

（3）职业形象：讲究典雅、浪漫的个性风格，给人一种清新明朗的感觉。

3. 胆汁质气质与职业形象

（1）情感职业形象：感情专注，意志果断，诚恳热情。

（2）工作职业形象：有与生俱来的领导能力。许多人凭着后天练就的本领、身体素质及天生具备的本能等因素而活跃在社会的上层。他们不拘眼前的胜负，专注于行动，满怀激情地向自己的极限挑战，在任何职业活动中都能表现出比较强的适应性，并能取得好的成果。

（3）职业形象：讲究优雅、华贵的个性风格，给人以张扬而又不失严谨的感觉。

4. 黏液质气质与职业形象

（1）情感职业形象：完美主义者，有艺术天赋，冷静而富有诗意，有自我牺牲精神。

（2）工作职业形象：做事有计划、有条理、有组织、有创造性，注重细节，追求高标准。

（3）职业形象：讲究随意自然、成熟稳重的个性风格，给人以亲切质朴的感觉。

拓展阅读

气质与职业选择

在选择职业的时候可以根据气质特征选择合适的职业，以下根据不同的气质类型总结出适合的职业类型，如表 2-2 所示，仅供大家参考。

表 2-2 不同气质与职业选择

气质类型	特征	职业选择
多血质	活泼、爱动、敏感、反应快、善于交际、兴趣与情绪易转换。择业时，积极主动，热情大方，善于推销自己，适应性强，很受用人单位欢迎	记者、律师、公关人员、秘书、艺术工作者等
胆汁质	直率、热情、精力旺盛、脾气急躁、情绪兴奋性高、易冲动、心境变换剧烈。择业时，主动性强，具有竞争意识	通常倾向于选择竞争激烈、冒险性和风险性强的职业或社会服务型的职业，如运动员、改革者、探险者等，甚至到偏远及开发地区从业
黏液质	安静、稳重、反应迟缓、沉默寡言、情绪不易外露、善于忍耐。择业时，沉着冷静，目标确定后，具有执着追求、坚持不懈的韧性，从而弥补了其他素质的不足	一般适合于医务、图书管理、情报翻译、教员、营业员等工作
抑郁质	情绪体验深刻、孤僻、行动迟缓、感受性强、敏感、细致。择业时，思虑周密，有步骤，有计划	一般较适合从事理论研究工作等

三、性格与职业形象

同样的火候使黄油熔化，使鸡蛋变硬。

——奥尔波特

智力上的成就在很大程度上依赖性格的伟大，这一点往往超出人们通常的认知。

——爱因斯坦

上面名人名言中，我们可以看出来不同的性格具有不同的特征，而性格对于人的影响也是非常重要的，在职业形象设计中，要注意把握性格特征，进行恰当的职业形象管理与设计。

（一）性格的分类

瑞士心理学家恩格尔森把人的性格分为以下四类，其特征分别为：

A 类：敏感型——精神饱满，好动不好静，办事速战速决。但行为常带有盲目性。在与人交往中，往往会拿出全部的热情，但受挫折时，又容易消沉失望。现实中这类人占 40%。

B 类：情感型——感情丰富，喜怒哀乐溢于言表。别人很容易了解其经历和所受的困苦，不喜欢单调的生活，喜欢刺激，爱感情用事。讲话写信热情洋溢。在生活中喜欢鲜明的色彩，对事物有浓厚的兴趣。在与人交往中容易冲动，反复无常，傲慢无理，所以与其他类型的人有时不易相处。这类人占25%。

C类：思考型——善于思考，逻辑思维发达，有成熟的观点，一切以事实为依据，而且一经做出决定，就能够持之以恒。生活、工作有规律，整洁大方，时间观念强。重视调查研究和精确性。但这类人有时思想僵化、教条，喜欢纠缠细节，办事缺乏灵活性。这类人占25%。

D类：想象型——想象力丰富，憧憬未来，喜欢思考问题。在生活中不太注重小节。对那些不能立即了解其想法和价值的人往往很不耐烦，有时行为刻板，不易合群，难以相处。这类人不多，大约占10%。

根据每一个人的性格各不相同，可将人们在生活与人际交往中的性格特点分四类，这有助于我们每一个人更好地了解自己的性格属于哪种类型，使自己在生活和工作中扬长避短，改善人际关系，并生活得更加愉快。

按心理过程的优势方面把性格分为四类：

（1）理智型——以理智来衡量一切并支配行动；

（2）情绪型——情绪体验深刻，行为主要受情绪影响；

（3）意志型——有较明显的目标，意志坚强，行为主动；

（4）理智—意志型——兼有理智型和意志型的特点。

按心理活动的指向性把性格分为两大类。

（1）内倾型（内向型）——重视主观世界，常沉浸在自我欣赏和幻想之中，仅对自己有兴趣，对别人很冷淡或看不起；

（2）外倾型（外向型）——重视客观世界，对客观的事物及人都感兴趣。

（二）气质与性格

性格是指人对现实的稳定态度以及与之相适应的习惯的行为方式。每个人面对客观现实都会有各种各样的态度，都会采取一定的行为方式。人们对现实的态度及相应的行为方式可以反映出一个人的性格特征。但是如果是偶然表现不能被认为是一个人的性格特征，只有那些经常性、习惯性的表现才能被认为是一个人的性格特征。

人的性格特征是在社会生活环境的影响下，在与别人的交往过程中，通过实践活动长期形成的，它一经形成就较为稳定。因此，我们如果了解了一个人的性格，就能预料他在某种情况下会表现出什么样的态度和行为。如在“空城计”中，诸葛亮由于掌握了司马懿多疑寡断的性格，才敢于空城设疑以等援兵。诸葛亮准确地断定司马懿在这一特定的情境中一定会急速退兵，所以取得了胜利。

性格具有稳定性的一面，同时也具有可塑性的一面。人为了能够更好地适应环境，其性格或多或少地会随着生活条件的明显变化而在某种程度上发生相应的变化，这就是性格可塑性。性格的变化并不都是消极被迫的，人一旦意识到现实的要求，就可以自觉地来塑造自己的性格。如一个人到了新的环境，常常会显示出与众不同的性格特征。这些特征如果并不影响到任务的完成或人际交往，将继续保持和发展，否则，将要引起改变。由于性格具有可塑性，我们才有可能培养性格和改造性格。

气质和性格既有联系又有区别。

首先，气质和性格均建立在神经系统的活动基础上，同时都会在后天环境的影响下发生变化，因此，它们都具有稳定性和可变性；但是，气质主要是先天的产物，具有很强的生物制约性，而性格却主要是后天的产物，具有很强的可塑性。

其次，由于气质有很强的生物制约性，因而无优劣好坏之分；而性格特征会受到一定的气质类型的影响，同时，它也在一定程度上掩盖和改造气质。尽管如此，同一气质类型的人却可能具有不同的性格特征，例如，胆汁质的人“性急”这一特点是共同的，但在性格特征上却可以表现为勇敢，也可能表现为冒失。

（三）优化性格

1. 校正认知偏差

由于受不良环境的影响，或者受具有不良性格的人的教育和影响，使人产生错误的认知，如认为这个世界上坏人多、好人少；同人打交道，要防人三分；疑心重；以小人之心度君子之腹，等等。这样的人一般心胸狭隘、嫉妒心强、疑心大、古怪、冷漠、缺乏责任感等。因此，要想改变这些，必须改变自己不正确的认知，可多参加一些有意义的集体活动，充分体验感受生活，多看些进步的书籍和伟人、哲人传记，看看他们成功史和为人处世之道，这对自己性格的改变都会有帮助。

2. 有意识地进行自我锻炼

人是一个自我调节的系统，一切客观的环境因素都要通过主观的自我调节起作用，每个人都在不同程度上，以不同的速度和方式塑造着自我，包括塑造自己的性格。随着一个人的认识能力的发展和相对成熟，随着一个人独立性和自主性的发展，其性格的发展也从被动的外部控制逐渐向自我控制转化。如果每一个人都意识到这一变化，促进这一变化，自觉地确立性格锻炼的目标，从而进行自我锻炼，就能使意志、情绪、理智等性格特征不断完善。

3. 培养健康情绪，保持乐观的心境

一个人偶尔心情不好，不会有太大影响，但若长期心情不好，对性格就会有影响。如常年累月爱生气，为一点小事而激动的人，就容易形成暴躁、易怒、神经过敏、冲动、沮丧等特征，这是一种异常情绪性的性格。因此，要乐观地生活，要胸怀宽广，始终保持愉快的生活体验。当遇到挫折和失败时，要从好的方面去想，“塞翁失马，安知非福”？想得开，烦恼就会自然消失。有时，心里实在苦恼，可以找一个崇拜的长者或知心朋友交谈或去看心理医生，不要让苦闷积压在心里，否则，容易导致性格的畸形发展。

4. 乐于交际，与人和谐相处

兴趣广、爱交际的人会学到许多知识，训练出多种才能，有益于好性格的形成和发展。人与人之间要互敬、互爱、互谅、互让，善意地评价人，热情地帮助人，克己奉公，助人为乐，努力搞好人与人之间的关系，长此以往，性格就能得到和谐发展。

5. 取人之长，补己之短

每个人的性格特征中都有好的因素，也有不良的特征，要善于正确地自我评估，辩证地对待自己的优缺点，好的进一步巩固，不足的努力改造，取人长，补己短，有则改之，无则加勉，久而久之，就能使不良性格特征得到克服和消除，良好性格特征得到培养和发展。

四、情商培养

1960 年，著名心理学家瓦尔特·米歇尔。在斯坦福大学附属幼儿园里选择了一群 4 岁的孩子。测试老师说：老师出去一会儿，如果你能坚持到老师回来还没有把自己面前的软糖吃掉，老师就再奖励你一块。如果你没等到老师回来就把软糖吃掉了，就只能得到你面前的这一块。

中学毕业时的评估结果：4 岁时能够耐心等待的人在校表现优异，入学考试成绩普遍较好；而那些控制不住自己，提前吃掉软糖的人，则表现相对较差。

进入社会后：那些只得到一块软糖的孩子普遍不如得到两块软糖的孩子取得的成绩大。

心理学家霍华说过：一个人最后在社会上占据什么位置，绝大部分取决于非智力因素。而美国成功学大师戴尔·卡耐基也说过：人的成功只有 15%是建立在技术之上，而 85%是依赖于人文工程。

情商由美国耶鲁大学心理学家彼得·塞拉维和新罕布什尔大学的专家约翰·梅耶在 1990 年首次提出，并在 1996 年对其含义进行了修订。

1995 年，《纽约时报》的科学专栏作家、哈佛大学教授丹尼尔·戈尔曼写出《情绪智力》后，流行于世界。

对气质的认知、识别、引导、促进、控制、调节的能力与方法就是 EQ，即情感智商（由耶鲁大学的彼得教授和新罕布什尔大学的约翰教授于 1900 年正式提出）。它涉及人的稳定性、乐群性、兴奋性、有恒性、敢为性、敏感性、怀疑性、幻想性、世故性、忧虑性、独立性、自律性和紧张性等方面，是一个人命运中的决定性因素。

（一）认知几个概念

情商（EQ）又称情绪智力，是近年来心理学家们提出的与智力和智商相对应的概念。它主要是指人在情绪、情感、意志、耐受挫折等方面的品质。人与人之间的情商并无明显的先天差别，更多是与后天的培养息息相关。

智商（IQ）是人们认识客观事物并运用知识解决实际问题的能力。智力包括多个方面，如观察力、记忆力、想象力、分析判断能力、思维能力、应变能力等。智力的高低通常用智力商数来表示，是用以标示智力发展水平。

财商（Financial Quotient），简称 FQ。所谓财商是一个人认识金钱和驾驭金钱的能力。指一个人在财务方面的智力，是理财的智慧。它包括两方面的能力：一是正确认识金钱及金钱规律的能力；二是正确应用金钱及金钱规律的能力。

逆境商（Adversity Quotient），简称 AQ，是由保罗·史托慈于 1995 年提出来的。它表示忍受逆境的素质，在战胜逆境过程中，超常发挥人的潜能，在人生旅途上取得成功的可能程度。同处逆境，逆境商不同，结果也迥异。正如巴尔扎克早就指出的："苦难对于天才是一块垫脚石，对能干的人是一笔财富，对弱者则是一个万丈深渊"。在巴尔扎克时代，就可分出逆境商（AQ）不同，会有3个层次的结果——苦难是前进途中垫脚石，是人生的“一笔财富”，是“一个万丈深渊”。但正如俗语所说：“事不如意者常八九”。每个人都会受挫、“遇难”、不如意。因此，每个人都要提高自己的逆境商。逆境商本属于情商的一部分。因为它很重要，所以它最早从情商中分离出来（以后还分出许多），古今中外许多名人的成功，都可以归功于其逆境商高。

（二）情商与智商的不同

1. 心理品质不同

智商主要反映人的认知能力、思维能力、语言能力、观察能力、计算能力及律动的能力等。也就是说，它主要表现人的理性的能力。

情商主要反映出情感品质的差异，是一个人感受、理解、运用、表达、控制和调节自己情感的能力以及处理自己与他人之间的情感关系的能力。

2. 智商和情商的形成基础不同

智商与遗传因素（先天性）的关系远大于社会环境因素。情商与社会环境因素（后天性）关系比较密切。

3. 智商和情商的作用不同

智商的作用主要在于更好地认识事物。情商主要与非理性因素有关，它影响着认识和实践活动的动力。

4. 所属学科不同

情商更多的是哲学的范畴、社会科学的范畴。智商更多的是科技方面的范畴。

成功方程式：80%情商+15%智商+5%逆商（逆向思维能力=成功人士）

5. 情商决定智商

人的情商因素如性格、意志、情感、社交与智商因素如记忆、观察、想象、思考、判断，存在着既对应又交叉的影响力。情商因素就像太阳光的赤、橙、黄、绿、青、蓝、紫，智商因素就像禾苗的氢、氧、氮、磷、钾、氯、氨。反映在人的成长过程中，如果没有良好的性格、意志、情感、社交的修养和能力，欲想有良好的记忆、观察、想象、思考和判断的能力是不可能的。离开了情商因素，智商因素就成了无源之水、无本之木。因此，可以对生活中存在的一些现象做出科学的评判，比如学生的学习成绩，并不完全是智商的原因，也有情商的原因。

6. 智商对情商的反作用力

智商条件有差别的人，在情商同等的条件下，智商高的人要好于智商一般的人。同时，在情商得到一定发展的条件下，智商又对情商的发展起着促进发展的作用。因此，情商与智商之间存在着倒因果关系，这是一种相对的因果关系。如在个体的人的发展过程中，其智商要高于普通人，而其情商修养的背景和环境与普通人毫无二致，但最终发展的结果是智商高的人其情商也高于普通人，原因就在于智商的反作用力。

（三）情商管理的技巧

1. 了解自我

案例 2-1

好斗的武士向禅师询问天堂和地狱的含义。禅师说："你性格乖戾，行为粗鄙，我没时间跟这种人论道。"武士恼羞成怒，拔剑大吼："你竟敢对我这般无礼，看我一剑杀死你！"禅师缓缓道："这就是地狱。"武士恍然大悟，心平气和纳剑入鞘，伏地鞠躬，感谢禅师指点。禅师又道："这就是天堂。"

分析

这个故事反映的是自我意识。故事是用来说明被情绪操控和认识情绪之间的本质差异。自我意识是对你自己的心境、情感、动机及它们对别人产生的影响所具有的一种认识和理解的能力，是情商的基本要素。自我意识能够让我们了解当时的情绪以及对它的认识能帮助我们解读自己的情绪，进而了解它如何影响我们的行动，这样能够客观地评价自己，限制情绪的消极影响，利用直觉引导来决定。

美国心理学的创始人威廉·詹姆斯认为："自我是个人心理宇宙的中心。"哲学家亚里士多德则认为："对自己的了解不仅仅是最困难的事情，而且也是最残酷的事情。"了解自我，是天下最难的事。在古希腊黛菲尔城的一座神庙里，镌刻着苏格拉底的一句名言："认识你自己"。是这座神庙里唯一的碑铭，要求人们在情绪产生的时候，即能感知它的存在，进而有目的地调控它。人在陷入某种情绪时往往并不自知，总是在事情发生过后，经过有意识的反省才会发现。

2. 自我管理

自我管理主要是指一个人管理自己情绪的能力。情商不是与生俱来的，通过有意识的相关训练，人人都可以得到提高。提高情商的过程，其实就是一种修炼的过程。所以，必须运用各种情绪管理技巧，灵活地调控自己的情绪，疏解矛盾，保证情绪的稳定和行为的积极。

（1）让忧虑到此为止。

亚力西斯·柯锐乐博士说过："不知道怎么抗拒忧虑的人，都会短命而死。"经常的恐惧和忧虑能使人精神失常，然而，在繁复的生活中，人们总摆脱不了忧虑的桎梏。当担心、烦恼、恐惧、憎恨、嫉妒等情绪充斥着我们的心灵时，内心的愉快情绪就被驱逐得无影无踪。其实，我们应该把时间用在有希望的事情上，而不是浪费于无益的追悔上；应该为明天而细心计划，而没有余暇去担心。人的一生充满未知的灾难，然而其大部分并未真正发生，而是莫名的焦虑、幻想使人们困惑与茫然。忧虑就像不停往下滴的水，而那不停往下滴的忧虑最终会使人心智丧失。林语堂在其著作《生活的艺术》中说道："即使是最坏的事情也要照单全收，这便是获致内心平和的秘诀。"所以欣然接受已发生的不幸，正是踏出克服不幸的第一步。遇到令人忧虑的问题时，首先应该自问："可能发生的最糟情形是什么？"然后做好接受最糟情况的心理准备，冷静谋划策略以改善现状，同时把心力投注于工作中，不让自己被烦恼缠住。

案例 2-2

“对必然的事，要轻快地去承受。”这是高情商者懂得也能做到的事情。丘吉尔在战事紧张到每天要工作 18 个小时的时候，别人问他会不会因那么重的责任而忧虑时，他说：“我太忙了，我没时间去忧虑。”

世界上没有任何问题值得付出太多的忧虑，让忧虑到此为止。

案例 2-3

一个小女孩趴在窗台上，看窗外的人正埋葬她心爱的小狗，不禁泪流满面。

她的外祖父见状，连忙引她到另一个窗口，让她欣赏自己的玫瑰花园。果然，小女孩的心情顿时明朗。老人托起外孙女的下巴说：“孩子，你开错了窗户。”

俄国作家契诃夫说过：“要是火柴在你口袋里燃烧起来了，那你应该高兴，而且感谢上苍，多亏你的口袋不是火药库。要是你的手指扎了一根刺，那你应该高兴，挺好，多亏这根刺不是扎在眼睛里。依次类推……照我的劝告去做吧，你的生活就会欢乐无穷。”

（2）烦恼时安慰自己。

案例 2-4

王先生的改变

王先生正值“不惑”之年，是一家公司的职员，擅长编制软件，曾经是公司的骨干。

后来新领导上任，招收了两名计算机专业的应届毕业生，委以重任，让两名新人负责新项目的研发。王先生很想参与该项研究，并拟定了一份计划书递交给了领导，却迟迟没有回音。眼见着两位新同事整日伏案攻关，心里更不是滋味，不由得犯了嘀咕：新领导瞧不起我，可能是瞧不起我的专科学历，对我没有一点肯定，会不会让我下岗啊？王先生越猜测情绪越低落。在单位有时和领导打照面，他总感觉领导的态度冷淡，继而觉得同事们背地里都在议论自己。从此变得不想上班，怕见熟人，后来连商场、公园都不敢去了。经过心理咨询，王先生豁然开朗了：不就是个软件吗？不让我干，我正好歇着，用不着加班加点了，正好辅导我那上初中的儿子。再说了，领导不安排我，也是照顾我的面子，和两个年轻人平起平坐的，担心伤我自尊。从此，看领导也亲切了，看同事也顺眼了。王先生成功地安慰了自己，心态越来越好，工作也有了动力。

其实，这是现实中的我们在面对生活和工作中种种不愉快和压力时，可以借鉴的一种心理调节的有效方式。

心理学认为，人的好恶和自我评价来自于价值选择，当消极的情绪困扰你的时候，改变原来的价值观，学会从相反的方向思考问题，这样就会使你的心理和情绪发生良性变化，从而得出完全相反的结论。这种运用心理调节的过程，称之为反向心理调解法。它能使人战胜沮丧，从不良情绪中解脱出来。

安慰自己，就是通过积极的自我评价以及对自己适度的宽容，抚慰自己因失败、挫折、不幸而痛苦不堪的心灵。面对困境，要告诉自己这是合乎自然规律的事情。困境是生活的组成部分，是人人必领的“快餐”，既会困扰自己，也会光顾他人，这才合乎自然规律。如果总是一帆风顺、事事如意，那只是一种美好的愿望，实际并不存在。在困境面前，要相信“天无绝人之路”，相信“逆境不久”的真理，相信自己总有路可走，就等于跨出了逃离困境的第一步。

人生不是苦旅，当你面对困境时，要相信这些都是暂时的，然后你再背上一遍《孟子》的“天将降大任于是人也”，便会有“冬天逝，春天到”的感觉，随之就会抹去许多对人世的不平，对人生的哀怨。

在很多情况下，人生的痛苦与欢乐，并不是由客观环境的优劣决定的，而是由自己的心态、情绪决定的。遇到同一件事，有人感受到痛苦，有人却感受到快乐，情商不同的人会得出不同的结论。

（3）愤怒时控制自己。

案例 2-5

有一个小男孩，常常无缘无故地发脾气。一天，他父亲给了他一大包钉子，让他每发一次脾气都用铁锤在他家后院的栅栏上钉一颗钉子。第一天，小男孩共在栅栏上钉了37颗钉子。过了几个星期，小男孩渐渐学会了控制自己的情绪，每天在栅栏上钉钉子的数目逐渐减少了。他发现控制自己的坏脾气比往栅栏上钉钉子要容易得多……最后，小男孩变得不爱发脾气了。

他把自己的转变告诉了父亲。他父亲又建议说：“从今天起，如果你一天没发脾气就从上面拔一颗钉子下来。小男孩照着父亲的要求做了。过了一段时间，上面的钉子全拔完了。父亲拉着他的手来到栅栏边，对他说：“儿子，你做得很好。但是，你看一看那些钉子在栅栏上留下的那么多小孔，栅栏再也不会是原来的样子了。当你向别人发过脾气之后，你的言语就像钉孔一样会在人们的心灵中留下疤痕。无论你说多少次对不起，那伤口都会永远存在。”

3. 自我激励

自我激励是指个体具有不需要外界奖励和惩罚作为激励手段，能为设定的目标自我努力工作的一种心理特征。

在这个世界上，有许多事情是人难以预料的。不能控制际遇，但可以掌控自己；无法预知未来，却可以把握现在；不知道自己的生命到底有多长，却可以安排当下的生活；左右不了变化无常的天气，却可以调整自己的心情。只要每天给自己一个希望，人生就一定不会失去色彩。

案例 2-6

1809 年，在一个荒凉的肯德基州农场里，诞生了一位叫亚伯拉罕·林肯的小婴儿，他就是第 16 任的美国总统。林肯 15 岁的时候才开始认字母，每天早晚都要走四里的森林小路到校求学。他买不起算术书，特地向别人借，再用信纸大小的纸片抄下来，

然后用麻线缝合，做成一本自制的算术书。他以不定期上课的方式在校求学。他所受的正规教育少得可怜，总计起来，上学的日子不过12个月左右。

林肯下田工作的时候，也将书本带在身边，一有空闲就看书。中午吃饭时，也是一手拿着玉米饼，一手捧着书。他在被提名为总统候选人以后，曾说：“我能够达到这一点小成果，完全是日后应各种需要，时时自修取得知识的功劳。”

【启示】“没有暗礁，激不起美丽的浪花”，林肯不屈服命运的精神说明人生可以没有许多东西，却唯独不能没有希望，希望在人类生活中具有重要的价值。生命是有限的，但希望是无限的，只要不忘每天给自己一个希望，就一定能拥有丰富多彩的人生。

哈佛大学心理学家威廉·詹姆士研究发现：一个没有受激励的人，仅能发挥其能力的20%～30%，而当他受到激励后，所发挥的作用相当于激励前的3～4倍。

（1）自信与希望。

著名宗教领袖马丁·路德金：世界上所做的每一件事都是抱着希望而做成的。

案例 2-7

著名画家达·芬奇前半生际遇坎坷，怀才不遇。30多岁时，他投奔到米兰的一位公爵门下，希望他给自己创造一些机会。几年过去了，在达·芬奇的再三要求下，公爵终于让他给圣玛丽亚修道院的一个饭厅画装饰画。这是一件无足轻重的事情，一个普通的匠人就可以完成，但是达·芬奇却花了自己的所有的力量去进行创作。他日夜站在脚手架上，干到夜色降临也不肯下来。有时候会站立在画前三四天都不动。500年后，这幅名为《最后的晚餐》的壁画仿佛成了一个寓言：巨人，如果不嫌弃一块泥土，那么它就能使它变成黄金。

（2）乐观。

案例 2-8

美国著名作家海伦·凯勒在一岁半时就双目失明，但是她对人生没有放弃，凭借她的老师的耐性辅导和她那乐观的心态及坚强的性格，海伦·凯勒艰难地跨进了中学校门，而后又走进了美国著名的学府——哈佛大学，开始了她的写作生涯。

（3）确立目标。

哈佛大学曾做过一项跟踪调查，对象是一群智力、学历、环境等条件差不多的年轻人，目的是测定目标对人生的影响。调查结果显示：27%的人没有目标；60%的人目标模糊；10%的人有清晰但比较短期的目标；3%的人有清晰且长远的目标。经过25年的跟踪研究结果表明，他们的生活状况及分布现象十分明显。占3%有清晰且长远目标的人，25年内几乎都不曾更改自己的人生目标，他们怀着自己的梦想，朝着同一方向不懈地努力，25年后，他们几乎都成了社会各界成功人士。10%有清晰短期目标者的共同特点是，那些短期目标不断被达成，生活状态稳步上升，成为各行各业不可或缺的专业人士。占60%的模糊目标者，几乎都能安稳地生活与工作，但没有什么特别的成绩。占 27%的没有目标的人群，他们的生活几乎都过得不如意，甚至失业，靠社会的救济，并常常抱怨他人、抱怨社会、抱怨世界。调查结果说明：目标对人生的影响深远，达到目标是实现梦想的重要步骤。

项目任务书

一、分组

将一个班的学生分成6～8个团队，每个团队5～7人。具体步骤如下所述。

（1）教师先通过让学生自荐和推荐的方式选出各队队长，明确队长的职责。（负责本团队所有活动的组织、安排、协调工作，同时自己带头完成分配给自己的工作，督促、帮助其他成员完成相应的工作。）

（2）由队长在课堂上自行联系本班同学，组成自己的团队。每个团队中的成员应该男性与女性合理搭配，每个团队最好分别有性格外向的、性格内向的、表达能力强的、计算机能力强的、文字能力强的、组织能力强的学生。

二、分工与安排

（1）首先要全部认真地阅读该次项目任务的所有内容，清楚自己需要完成哪些任务（哪些是需要集体合作共同完成的，哪些是自己独立思考完成的）、如何完成、何时完成，做到心中有数。

（2）组长针对任务内容进行详细分工与安排，并将最终任务安排明细在小组里宣布，做到组内的每个成员都非常清楚。然后组员按照组长的分配开始行动。要保证时间安排合理，在规定的时间内完成各项任务。

注意：需集体共同完成的任务由组长组织协调分工（什么时间谁负责查找资料，如何进行市场调查，什么时候研讨并分析，什么时候模拟练习，什么时候填写分析报告，谁负责制作PPT等），避免争吵，要注意所分配的任务合理，以锻炼每个学生各种不同的能力，分工要利于高效完成项目任务。

（3）一定要在规定的时间内完成，团队组织到位，分工合理，整个活动过程有序、有效；资料查找完整，在规定时间内将任务产出内容填写完整，清晰明了且表达生动。

（4）组长与组员商讨本组任务分工与安排后，填写任务分工安排表。

注意：在组长的任务书中填写的是完整的任务分工安排表，即整组每个成员的任务安排，个人的任务书中则只需要将自己的任务分工与安排填写清楚即可。

（5）不清楚的地方请及时向指导教师询问。

（6）根据计划填写计划表，填写并完成表2-8“计划安排表”。

表2-8 计划安排表

练习编号	任务内容及说明	时间安排	负责及参与人员	备注说明

续表

练习编号	任务内容及说明	时间安排	负责及参与人员	备注说明

填表说明：（其他任务分工安排表同）

练习编号：参见项目任务执行，个人填写所负责对应的编号；

练习内容：将具体的任务内容安排填写清楚，并非简单地将每个任务的标题填写进去，有时候为了完成一个子任务，需要将其进行拆解，形成若干小任务；

时间安排：格式为：××月××日××点—××月××日××点；

负责及参与人员：填写小组成员姓名；

备注说明：为了帮助小组更好地完成任务，其他需要增加的内容。

三、练习内容

练习 1：自我测试

分别独立完成以下测试，分析结果并完成思考与训练。

测试一：你留给人的第一印象

1. 与人初次会面，经过一番交谈，你能对他（她）的举止谈吐、知识能力等方面做出积极、准确的评价吗？（　　）

A. 不能　　B. 很难说　　C. 我想可以

2. 你和别人告别时，下次相会的时间、地点是（　　）。

A. 对方提出的　　B. 谁也没有提这事　　C. 我提议的

3. 当你第一次见到某个人，你的表情是（　　）。

A. 热情诚恳，自然大方　　B. 大大咧咧，漫不经心　　C. 紧张局促，羞怯不安

4. 你是否在寒暄之后，很快就找到双方共同感兴趣的话题（　　）

A. 是的，对此我很敏锐　　B. 我觉得这很难

C. 必须经过较长一段时间才能找到

5. 你与人谈话时的坐姿通常是（　　）。

A. 两膝靠拢　　B. 两腿叉开　　C. 跷起“二郎腿”

6. 你同他（她）谈话时，眼睛望着何处（　　）

A. 直视对方的眼睛　　B. 看着其他的东西或人

C. 盯着自己的纽扣，不停玩弄

7. 你选择的交谈话题是（　　）。

A. 两人都喜欢的　　B. 对方所感兴趣的　　C. 自己所热衷的

8. 通过第一次交谈，你们分别所占用的时间是（　　）。

A. 差不多　　B. 他（她）多我少　　C. 我多于他（她）

9. 会面时你说话的音量总是（　　）。
A. 很低，以致别人听得较困难　　B. 柔和而低沉
C. 声音高亢热情
10. 你说话时姿势是否丰富（　　）。
A. 偶尔做些手势　　B. 从不指手画脚
C. 我常用姿势补充言语表达
11. 你讲话的速度怎么样？（　　）。
A. 频率相当高　　B. 十分缓慢　　C. 节律适中
12. 假若别人谈到了你兴趣索然的话题，你将（　　）。
A. 打断别人，另起一题　　B. 显得沉闷、忍耐
C. 仍然认真听，从中寻找乐趣

勾好答案以后，最好不要涂改，再对照表 2-9 算出自己的得分。

表 2-9　分值对照表

题号	1	2	3	4	5	6	7	8	9	10	11	12
答案	A	A	A	A	A	A	A	A	A	A	A	A
分值	1	1	5	5	5	5	3	3	1	4	1	1
答案	B	B	B	B	B	B	B	B	B	B	B	B
分值	3	3	1	1	1	1	5	5	5	5	3	3
答案	C	C	C	C	C	C	C	C	C	C	C	C
分值	5	5	3	3	3	3	1	1	3	1	5	5

结果分析：

1. 分数为 0～22：首次效应差。也许你感到吃惊，因为很可能你只是依着自己的习惯行事而已。你本意是很愿意给别人一个美好的印象，可是你的不经心或缺乏体贴、或言语无趣，无形中却为他人做出关于你的错误的勾勒。必须记住交往是种艺术，而艺术是不能不修边幅的。

2. 分数为 23～46：首次效应一般。你的表现中存在着某些令人愉快的成分，但同时又偶尔有不够精彩之处，这使得别人不会对你印象恶劣，却也不会产生很强的吸引力。如果你希望提高自己的魅力，首先必须在心理上重视，努力在“交锋”的第一回合显示出最佳形象。

3. 分数为 47～60：首次效应好。你的适度、温和、合作给第一次见到你的人留下了深刻的印象。无论对方是你工作范围抑或私人生活中的接触者，无疑他们都有与你进一步接触的愿望。你的问题只在于注意那些单向的对你“一见钟情”者。

完成上述测试以后，请按照要求将分析成果填写在表 2-10“成果产出表 1”中。

表 2-10　成果产出表 1

项目	分析
你的测试结果是	
你对这个结果满意吗？为什么？	

续表

项目	分析	
其他成员对你的第一印象是什么？ （找三个同学填写）	第一印象描述	签名
怎样才能给人留下最好的第一印象？		

测试二：气质测试

按真实情况记下每一题的分数，非常符合自己情况的记“+2”，比较符合的记“+1”，拿不准的记“0”，比较不符合的记“-1”，完全不符合的记“-2”。

1. 做事力求稳妥，一般不做无把握的事。
2. 遇到可气的事就怒不可遏，想把心里话全说出来才痛快。
3. 宁可一个人干事，不愿很多人在一起。
4. 到一个新环境很快就能适应。
5. 厌恶那些强烈的刺激，如尖叫、噪音、危险镜头等。
6. 和别人争吵时总是先发制人，喜欢挑衅别人。
7. 喜欢安静的环境。
8. 我善于和别人交往。
9. 是那种善于克制自己感情的人。
10. 生活有规律，很少违反作息制度。
11. 在多数情况下，情绪是乐观的。
12. 碰到陌生人觉着很拘束。
13. 遇到令人气愤的事，能很好地自我克制。
14. 做事总是有旺盛的精力。
15. 遇到事情总是举棋不定，优柔寡断。
16. 在人群中从不觉得过分拘束。
17. 情绪高昂时，觉着干什么都有趣，情绪低落时，又觉得干什么都没意思。
18. 当注意力集中于一事物时，别的事很难使我分心。
19. 理解问题总比别人快。
20. 碰到问题总有一种极度恐惧感。
21. 对学习、工作怀有很高热情。
22. 能够长时间做枯燥单调的工作。
23. 符合兴趣的事情，干起来劲头十足，否则，就不想干。
24. 一点儿小事就能引起情绪波动。

25. 讨厌那种需要耐心细致的工作。
26. 与人交往不卑不亢。
27. 喜欢参加热闹的活动。
28. 爱看感情细腻、描写人物内心活动的文艺作品。
29. 工作、学习时间长了，常感到厌倦。
30. 不喜欢长时间谈论一个问题。
31. 愿意侃侃而谈，不愿窃窃私语。
32. 别人总是说我闷闷不乐。
33. 理解问题常比别人慢些。
34. 疲倦时只要短暂休息就能精神抖擞，重新投入工作。
35. 心理有话，宁愿自己想，不愿自己说出来。
36. 认准一个目标，就希望尽快实现，不达目的，誓不罢休。
37. 学习或工作同样一段时间后，常比别人更疲倦。
38. 做事有些莽撞，不考虑后果。
39. 老师或他人讲授新知识、新技术时总希望他讲得慢些，多重复几遍。
40. 能够很快忘记那些不愉快的事情。
41. 做作业或完成一项工作总比别人花时间多。
42. 喜欢运动量大的剧烈体育活动，或者参加文艺活动。
43. 不能很快地把注意力从一件事情上转移到另一件事情上去。
44. 接受一个任务后，就希望把它迅速解决。
45. 认为墨守成规比冒险强些。
46. 能够同时注意几件事物。
47. 当我烦恼时，别人很难使我高兴起来。
48. 爱看情节起伏跌宕，激动人心的小说。
49. 对工作认真严谨，保持始终一贯的态度。
50. 和周围人的关系总是相处不好。
51. 喜欢复习学过的知识，重复做熟练的工作。
52. 喜欢做变化大，花样多的工作。
53. 小时候会背的诗歌，我似乎比别人记得清楚。
54. 别人说我“出语伤人”，可我并不觉得这样。
55. 在体育活动中，常因反应慢而落后。
56. 反应敏捷，头脑机智。
57. 喜欢有条理而不甚麻烦的工作。
58. 兴奋的事常使我失眠。
59. 老师讲新概念，常常听不懂，但弄懂以后就很难忘记。
60. 假如工作枯燥，马上就会情绪低落。

记分方法：按题号将各题分为四类，计算每类题的得分总和，填入表 2-11 中。

表 2-11　汇总表

类型	项目（题号）	总分
胆汁质	2 6 9 14 17 21 27 31 36 38 42 48 50 54 58	
多血质	4 8 11 16 19 23 25 29 34 40 44 46 52 56 60	
黏液质	1 7 10 13 18 22 26 30 33 39 43 45 49 55 57	
抑郁质	3 5 12 15 20 24 28 32 35 37 41 47 51 53 59	

评价方法：

（1）如果某气质类型得分明显高于其他三种，均高出 3 分以上，则可定为该气质类型。如果一种气质类型得分超过 20 分，则为典型气质；如果该气质类型得分在 10～20 分，则为一般型。

（2）两种气质类型得分接近，其差异低于 3 分，而且又明显高于其他两种，高出 4 分以上，则可定为两种气质类型的混合型。

（3）三种气质类型得分接近而且均高于第四种，则为三种气质类型的混合型。

完成上述测试以后，请按照要求将分析成果填写在表 2-12“成果产出表 2”中。

表 2-12　成果产出表 2

项目	分析
你的测试结果是什么？	
你的气质类型有什么特点？	
根据你的气质类型，进行职业形象设计，如何更利于自己发展？	

测试三：EQ 测试

第 1～9 题：请从下面的问题中，选择一个和自己最切合的答案。

1. 我有能力克服各种困难：________
   A. 是的　B. 不一定　C. 不是的
2. 如果我能到一个新的环境，我要把生活安排得：________
   A. 和从前相仿　B. 不一定　C. 和从前不一样
3. 一生中，我觉得自己能达到我所预想的目标：________
   A. 是的　B. 不一定　C. 不是的
4. 不知为什么，有些人总是回避我或对我很冷淡：________
   A. 不是的　B. 不一定　C. 是的
5. 在大街上，我常常避开我不愿打招呼的人：________
   A. 从未如此　B. 偶尔如此　C. 有时如此
6. 当我集中精力工作时，假使有人在旁边高谈阔论：________
   A. 我仍能专心工作　B. 介于 A、C 之间　C. 我不能专心且感到愤怒

7. 我不论到什么地方，都能清楚地辨别方向：________

A. 是的　　B. 不一定　　C. 不是的

8. 我热爱所学的专业和所从事的工作：________

A. 是的　　B. 不一定　　C. 不是的

9. 气候的变化不会影响我的情绪：________

A. 是的　　B. 介于 A、C 之间　　C. 不是的

第 10～16 题：请如实选答下列问题，将答案填入右边横线处。

10. 我从不因流言蜚语而生气：________

A. 是的　　B. 介于 A、C 之间　　C. 不是的

11. 我善于控制自己的面部表情：________

A. 是的　　B. 不太确定　　C. 不是的

12. 在就寝时，我常常：________

A. 极易入睡　　B. 介于 A、C 之间　　C. 不易入睡

13. 有人侵扰我时，我：________

A. 不露声色　　B. 介于 A、C 之间　　C. 大声抗议，以泄己愤

14. 在和人争辩或工作出现失误后，我常常感到震颤，精疲力竭，而不能继续安心工作：______

A. 不是的　　B. 介于 A、C 之间　　C. 是的

15. 我常常被一些无谓的小事困扰：________

A. 不是的　　B. 介于 A、C 之间　　C. 是的

16. 我宁愿住在僻静的郊区，也不愿住在嘈杂的市区：________

A. 不是的　　B. 不太确定　　C. 是的

第 17～25 题：在下面问题中，每一题请选择一个和自己最切合的答案。

17. 我被朋友、同事起过绰号、挖苦过：________

A. 从来没有　　B. 偶尔有过　　C. 这是常有的事

18. 有一种食物使我吃后呕吐：________

A. 没有　　B. 记不清　　C. 有

19. 除去看见的世界外，我的心中没有另外的世界：________

A. 没有　　B. 记不清　　C. 有

20. 我会想到若干年后有什么使自己极为不安的事：________

A. 从来没有想过　　B. 偶尔想到过　　C. 经常想到

21. 我常常觉得自己的家庭对自己不好，但是我又确切地知道他们的确对我好：________

A. 否　　B. 说不清楚　　C. 是

22. 每天我一回家就立刻把门关上：________

A. 否　　B. 不清楚　　C. 是

23. 我坐在小房间里把门关上，但我仍觉得心里不安：________

A. 否　　B. 偶尔是　　C. 是

24. 当一件事需要我做决定时，我常觉得很难：________

A. 否　　　　　　　　B. 偶尔是　　　　　　　　C. 是

25. 我常常用抛硬币、翻纸、抽签之类的游戏来预测凶吉：________

A. 否　　　　　　　　B. 偶尔是　　　　　　　　C. 是

第 26～29 题：下面各题，请按实际情况如实回答，仅回答"是"或"否"即可，在你选择的答案旁打"√"。

26. 为了工作我早出晚归，早晨起床我常常感到疲惫不堪。是________否________

27. 在某种心境下，我会因为困惑陷入空想，将工作搁置下来。是________否________

28. 我的神经脆弱，稍有刺激就会使我战栗。是________否________

29. 睡梦中，我常常被噩梦惊醒。是________否________

第 30～33 题：本组测试共 4 题，每题有 5 种答案，请选与自己最切合的答案，在你选择的答案下打"√"。答案标准如下：1. 从不　2. 几乎不　3. 一半时间　4. 大多数时间　5. 总是

30. 工作中我愿意挑战艰巨的任务。　1　2　3　4　5

31. 我常发现别人好的意愿。　1　2　3　4　5

32. 能听取不同的意见，包括对自己的批评。　1　2　3　4　5

33. 我时常勉励自己，对未来充满希望。　1　2　3　4　5

计分方法

第 1～9 题，每回答一个 A 得 6 分，回答一个 B 得 3 分，回答一个 C 得 0 分。计______分。

第 10～16 题，每回答一个 A 得 5 分，回答一个 B 得 2 分，回答一个 C 得 0 分。计______分。

第 17～25 题，每回答一个 A 得 5 分，回答一个 B 得 2 分，回答一个 C 得 0 分。计______分。

第 26～29 题，每回答一个"是"得 0 分，回答一个"否"得 5 分。计______分。

第 30～33 题，从左至右分数分别为 1 分、2 分、3 分、4 分、5 分。计______分。总计为______分。

测试结果

EQ 是你事业的助手，更是你事业有成的一个重要前提条件。得分在 90 分以下，说明你的 EQ 较低，你常常不能控制自己，你极易被自己的情绪所影响。很多时候，你容易被激怒、动火、发脾气，这是非常危险的信号—你的事业可能会毁于你的急躁，对于此，最好的解决办法是能够给不好的东西一个好的解释，保持头脑冷静，使自己心情开朗。

得分在 90～129 分，说明你的 EQ 一般，对于一件事，你在不同时候的表现可能不一，这与你的意识有关，你比前者更具有 EQ 意识，但这种意识不是常有，因此需要你多加注意、时时提醒。

得分在 130～149 分，说明你的 EQ 较高，你是一个快乐的人，不易恐惧担忧，对于

工作你热情投入、敢于负责，你为人更是正义正直、关怀他人，这是你的优点，应该努力保持。

得分在 150 分以上，那你就是个 EQ 高手，你的情绪智慧不但不是你事业的阻碍，更是你事业有成的一个重要前提条件。

完成上述测试以后，请按照要求将分析成果填写在表 2-13“成果产出表 3”中。

表 2-13 成果产出表 3

项目	分析
你的测试结果是什么？	
测试结果你满意吗？如何使自己做得更好？	
如何进行 EQ 管理？	

测试四：情绪测试

1. 你是否知道自己生气时的表情和动作？

□是 □也许 □否

2. 你是否知道自己高兴时的表情和动作？

□是 □也许 □否

3. 你是否能把自己烦恼的情绪用言语清楚地表达出来？

□是 □也许 □否

4. 你是否能很快地察觉到自己在生气？

□是 □也许 □否

5. 你是否能分辨兴奋和愉快两种情绪的不同？

□是 □也许 □否

6. 你是否能清楚区别自己高兴的情绪有好几种程度？

□是 □也许 □否

7. 你是否能察觉自己对别人的情绪表达并不适当？

□是 □也许 □否

8. 你是否能以言语向别人表达，自己的心情是悲伤，还是忧伤？

□是 □也许 □否

9. 你是否能以适当的表情或动作来表达自己的喜怒哀乐等情绪？

□是 □也许 □否

10. 你是否了解自己的情绪状况？

□是 □也许 □否

11. 你是否能从别人的表情上察觉到他的情绪？

□是 □也许 □否

12. 你是否能从别人的肢体动作上察觉到他的情绪？

□是 □也许 □否

13. 你是否能从别人的话语中知道他的情绪状况？

□是　　□也许　　□否

14. 你是否能了解别人说话的内涵、想法和感受？

□是　　□也许　　□否

15. 你是否能把别人说话内涵的想法和感受表达出来？

□是　　□也许　　□否

16. 你是否能接纳别人的想法，虽然自己不同意他的观点？

□是　　□也许　　□否

17. 当别人述说苦恼时，你是否能感同身受？

□是　　□也许　　□否

18. 你是否能设身处地从他人的角度来了解他的作为？

□是　　□也许　　□否

19. 你的好朋友是否会说你很了解他？

□是　　□也许　　□否

20. 你是否觉得自己很能体会别人的心情？

□是　　□也许　　□否

21. 你是否觉得自己是善于表达情感的人？

□是　　□也许　　□否

请计算得分。每个“是”得3分、“也许”得2分、“否”得1分，然后把这些分数加起来，填入表2-14中。

表2-14　测　试　结　果

50~63分 优秀	35~49分 不差	21~34分 有待加强
你有很好的情绪表达与评估能力，了解自我，能有效地察觉及区分自己的情感。	你有不错的情绪表达与评估能力，只是有时或有些情绪不是那么稳定，多去体察自己的情感状态。	你的情绪表达与评估能力有待加强，多观察自己和别人的语言和非语言行为，或者参加一些成长团体，有助于这方面能力的增长。

完成上述测试以后，请按照要求将分析成果填写在表2-15“成果产出表4”中。

表2-15　成果产出表4

项目	分析
你的测试结果是什么？	
测试结果你满意吗？如何有效地管理情绪，使自己做得更好？	

测试五：人格职业测试

人格即个性，它与职业有着密切的关系，不同职业对从业者的人格特征的要求是有差距的，如果通过科学的测试，可以预知自己的人格特征，这有助于选择适合个人发展的职业。您将要阅读的这个《职业人格自测问卷》可以帮助您做一次简单的人格自评，对照表 2-16 了解自己的人格特征更适合从事哪方面的工作。

请根据对每一题目的第一印象回答，不必仔细推敲，答案没有好坏、对错之分。具体填写方法是根据自己的情况回答“是”或“否”。

1. 我喜欢把一件事情做完后再做另一件事。
2. 在工作中我喜欢独自筹划，不愿受别人干涉。
3. 在集体讨论中，我往往保持沉默。
4. 我喜欢做戏剧、音乐、歌舞、新闻采访等方面的工作。
5. 每次写信我都一挥而就，不再重复。
6. 我经常不停地思考某一问题，直到想出正确的答案。
7. 对别人借我的和我借别人的东西，我都能记得很清楚。
8. 我喜欢抽象思维的工作，不喜欢动手的工作。
9. 我喜欢成为人们注意的焦点。
10. 我喜欢不时地夸耀一下自己取得的好成就。
11. 我曾经渴望有机会参加探险。
12. 当我一个人独处时，会感到更愉快。
13. 我喜欢在做事情前，对此事情做出细致的安排。
14. 我讨厌修理自行车、电器一类的工作。
15. 我喜欢参加各种各样的聚会。
16. 我愿意从事虽然工资少但是比较稳定的职业。
17. 音乐能使我陶醉。
18. 我办事很少思前想后。
19. 我喜欢经常请示上级。
20. 我喜欢需要运用智力的游戏。
21. 我很难做那种需要持续集中注意力的工作。
22. 我喜欢亲自动手制作一些东西，从中得到乐趣。
23. 我的动手能力很差。
24. 和不熟悉的人交谈对我来说毫无困难。
25. 和别人谈判时，我总是很容易放弃自己的观点。
26. 我很容易结识同性别朋友。
27. 对于社会问题，我通常持中庸的态度。
28. 当我开始做一件事情后，即使碰到再多的困难，我也要执着地干下去。
29. 我是一个冷静而不易动感情的人。
30. 当我工作时，我喜欢避免干扰。
31. 我的理想是当一名科学家。
32. 与言情小说相比，我更喜欢推理小说。
33. 有些人太霸道，有时明明知道他们是对的，也要和他们对着干。
34. 我爱幻想。

35. 我总是主动地向别人提出自己的建议。
36. 我喜欢使用榔头一类的工具。
37. 我乐于解除别人的痛苦。
38. 我更喜欢自己下了赌注的比赛或游戏。
39. 我喜欢按部就班地完成要做的工作。
40. 我希望能经常换不同的工作来做。
41. 我总留有充裕的时间去赴约会。
42. 我喜欢阅读自然科学方面的书籍和杂志。
43. 如果掌握一门手艺并能以此为生，我会感到非常满意。
44. 我曾渴望当一名汽车司机。
45. 听别人谈家中被盗一类的事，很难引起我的同情。
46. 如果待遇相同，我宁愿当商品推销员，而不愿当图书管理员。
47. 我讨厌跟各类机械打交道。
48. 我小时候经常把玩具拆开，把里面探个究竟。
49. 当接受新任务后，我喜欢以自己的独特方法去完成它。
50. 我有文艺方面的天赋。
51. 我喜欢把一切安排得整整齐齐、井井有条。
52. 我喜欢做一名教师。
53. 和一群人在一起的时候，我总想不出恰当的话来说。
54. 看情感影片时，我常禁不住眼圈红润。
55. 我讨厌学数学。
56. 在实验室里独自做实验会令我寂寞难耐。
57. 对于急躁、爱发脾气的人，我仍能以礼相待。
58. 遇到难解答的问题时，我常常放弃。
59. 大家公认我是一名勤劳踏实、愿为大家服务的人。
60. 我喜欢在人事部门工作。

表 2-16　人格类型与职业环境匹配表

类型	人格倾向	典型职业
现实型 R	具有顺从、坦率、谦虚、自然、坚毅、实际、有礼、害羞、稳健、节俭的特征，表现为： （1）喜爱实用性的职业或情境，以从事所喜好的活动，避免社会性的职业或情境。 （2）用具体实际的能力解决工作及其他方面的问题，较缺乏人际关系方面的能力。 （3）重视具体的事物，如金钱、权力、地位等	工人 农民 土木工程师
研究型 I	具有谨慎、严苛、好奇、独立、聪明、内向、有条理、谦逊、精确、保守的特征，表现为： （1）喜爱研究性的职业或情境，避免企业性的职业或情境。 （2）用研究的能力解决工作及其他方面的问题，自觉、好学、自信，重视科学，但缺乏领导方面的才能	科研人员 数学、生物方面的专家
艺术型 A	具有复杂、有想象力、冲动、独立、敏感、无秩序、情绪化、理想化、不顺从、有创意、富有表情、不重实际的特征，表现为： （1）喜爱艺术性的职业或情境，避免传统性的职业或情境。 （2）富有表达能力和直觉、独立、有创意、不顺从，重视审美的领域	诗人、艺术家

续表

类型	人格倾向	典型职业
社会型 S	具有合作、友善、慷慨、助人、仁慈、负责、圆滑、善社交、善解人意、有口才、理想主义等特征，表现为： （1）喜爱社会型的职业或情境，避免实用性的职业或情境，并以社交方面的能力解决工作及其他方面的问题，但缺乏机械能力与科学能力。 （2）喜欢帮助别人，了解别人，有教导别人的能力，且重视社会与伦理的活动与问题	教师、牧师、辅导人员
企业型 E	具有冒险、有野心、独断、冲动、乐观、自信、追求享受、精力充沛、善于社交、获取注意、注重知名度等特征，表现为： （1）喜欢企业性质的职业或环境，避免研究性质的职业或情境，会以企业方面的能力解决工作或其他方面的问题。 （2）冲动、自信、善社交、知名度高、有领导与语言能力，缺乏科学能力，但重视政治与经济上的成就	推销员、政治家 企业家
传统型 C	具有顺从、谨慎、保守、自律、服从、规律、坚毅、稳重、有效率、缺乏想象力等特征，表现为： （1）喜欢传统性质的的职业或环境，避免艺术性质的职业或情境，会以传统的能力解决工作或其他方面的问题。 （2）顺从、规律、在文字与数字方面有长处，重视商业与经济上的成就	出纳 会计 秘书

职业人格的类型：（符合“是”或“否”答案的记 1 分，不符合的记 0 分）

传统型：是（7，19，29，39，41，51，57），否（5，18，40）

现实型：是（2，13，22，36，43），否（14，23，44，47，48）

研究型：是（6，8，20，30，31，42），否（21，55，56，58）

企业型：是（11，24，28，35，38，46，60），否（3，16，25）

社会型：是（26，37，52，59），否（1，12，15，27，45，53）

艺术型：是（4，9，10，17，33，34，49，50，54），否（32）

请将得分最高的三种类型从高到低排列，得出一个（或两个）三位组合答案，再对照《人格类型与职业环境匹配表》和《测试结果与职业匹配对照表》得出人格类型所匹配的职业。

测试结果与职业匹配对照表

RIA：牙科技术员、陶工、建筑设计员、模型工、细木工、制作链条人员。

RIS：厨师、林务员、跳水员、潜水员、染色员、电器修理、眼镜制作、电工、纺织机器装配工、服务员、装玻璃工人、发电厂工人、焊接工。

RIE：建筑和桥梁工程、环境工程、航空工程、公路工程、电力工程、信号工程、电话工程、一般机械工程、自动工程、矿业工程、海洋工程、交通工程技术人员、制图员、家政经济人员、计量员、农民、农场工人、农业机械操作、清洁工、无线电修理、汽车修理、手表修理、管工、线路装配工、工具仓库管理员。

RIC：船上工作人员、接待员、杂志保管员、牙医助手、制帽工、磨坊工、石匠、机器制造、机车（火车头）制造、农业机器装配、汽车装配工、缝纫机装配工、钟表装配和检验、电动器具装配、鞋匠、锁匠、货物检验员、电梯机修工、托儿所所长、钢琴调音员、印刷工、建筑钢铁工作、卡车司机。

RAI：手工雕刻、玻璃雕刻、制作模型人员、家具木工、制作皮革品、手工绣花、手工钩针纺织、排字工作、印刷工作、图画雕刻、装订工。

RSE：消防员、交通巡警、警察、门卫、理发师、房间清洁工、屠夫、锻工、开凿工人、管道安装工、出租汽车驾驶员、货物搬运工、送报员、勘探员、娱乐场所的服务员、起卸机操作工、灭害虫者、电梯操作工、厨房助手。

RSI：纺织工、编织工、农业学校教师、某些职业课程教师（诸如艺术、商业、技术、工艺课程）、雨衣上胶工。

REC：抄水表员、保姆、实验室动物饲养员、动物管理员。

REI：轮船船长、航海领航员、大副、试管实验员。

RES：旅馆服务员、家畜饲养员、渔民、渔网修补工、水手长、收割机操作工、搬运行李工人、公园服务员、救生员、登山导游、火车工程技术员、建筑工作、铺轨工人。

RCI：测量员、勘测员、仪表操作者、农业工程技术、化学工程技师、民用工程技师、石油工程技师、资料室管理员、探矿工、煅烧工、烧窖工、矿工、炮手、保养工、磨床工、取样工、样品检验员、纺纱工、漂洗工、电焊工、锯木工、刨床工、制帽工、手工缝纫工、油漆工、染色工、按摩工、木匠、农民、建筑工、电影放映员、勘测员助手。

RCS：公共汽车驾驶员、一等水手、游泳池服务员、裁缝、建筑工作、石匠、烟囱修建工、混凝土工、电话修理工、爆炸手、邮递员、矿工、裱糊工人、纺纱工。

RCE：打井工、吊车驾驶员、农场工人、邮件分类员、铲车司机、拖拉机司机。

IAS：普通经济学家、农场经济学家、财政经济学家、国际贸易经济学家、实验心理学家、工程心理学家、心理学家、哲学家、内科医生、数学家。

IAR：人类学家、天文学家、化学家、物理学家、医学病理、动物标本剥制者、化石修复者、艺术品管理者。

ISE：营养学家、饮食顾问、火灾检查员、邮政服务检查员。

ISC：侦察员、电视播音室修理员、电视修理服务员、验尸室人员、编目录者、医学实验室技师、调查研究者。

ISR：水生生物学者、昆虫学者、微生物学家、配镜师、矫正视力者、细菌学家、牙科医生、骨科医生。

ISA：实验心理学家、普通心理学家、发展心理学家、教育心理学家、社会心理学家、临床心理学家、目标学家、皮肤病学家、精神病学家、妇产科医师、眼科医生、五官科医生、医学实验室技术专家、民航医务人员、护士。

IES：细菌学家、生理学家、化学专家、地质专家、地理物理学专家、纺织技术专家、医院药剂师、工业药剂师、药房营业员。

IEC：档案保管员、保险统计员。

ICR：质量检验技术员、地质学技师、工程师、法官、图书馆技术辅导员、计算机操作员、医院听诊员、家禽检查员。

IRA：地理学家、地质学家、声学物理学家、矿物学家、古生物学家、石油学家、地震学家、声学物理学家、气象学家、原子和分子物理学家、电学和磁学物理学家、设计审核员、人口统计学家、数学统计学家、外科医生、城市规划家、气象员。

IRS：流体物理学家、物理海洋学家、等离子体物理学家、农业科学家、动物学家、食品科学家、园艺学家、植物学家、细菌学家、解剖学家、动物病理学家、作物病理学家、药物学家、生物化学家、生物物理学家、细胞生物学家、临床化学家、遗传学家、分子生物学家、质量控制工程师、地理学家、兽医、放射性治疗技师。

IRE：化验员、化学工程师、纺织工程师、食品技师、渔业技术专家、材料和测试工程师、电气工程师、土木工程师、航空工程师、行政官员、冶金专家、原子核工程师、陶瓷工程师、地质工程师、电力工程师、口腔科医生、牙科医生。

IRC：飞机领航员、飞行员、物理实验室技师、文献检查员、农业技术专家、生物技师、动植物技术专家、油管检查员、工商业规划者、矿藏安全检查员、纺织品检验员、照相机修理工、工程技术员、程序员、工具设计者、仪器维修工。

CRI：簿记员、会计、记时员、铸造机操作工、打字员、按键操作工、复印机操作工。

CRS：仓库保管员、档案管理员、缝纫工、讲述员、收款人。

CRE：标价员、实验室工作者、广告管理员、自动打字机操作员、电动机装配工、缝纫机操作工。

CIS：记账员、顾客服务员、报刊发行员、土地测量员、保险公司职员、会计师、估价员、邮政检查员、外贸检查员。

CIE：打字员、统计员、支票记录员、订货员、校对员、办公室工作人员。

CIR：校对员、工程职员、海底电报员、检修计划员、排版员。

CSE：接待员、通讯员、电话接线员、卖票员、旅馆服务员、私人职员、商学教师、旅游办事员。

CSR：运货代理商、铁路职员、交通检查员、办公室通信员、出纳员、银行财务职员。

CSA：秘书、图书管理员、办公室办事员。

CER：邮递员、数据处理员、办公室办事员。

CEI：推销员、经济分析家。

CES：银行会计、记账员、法人秘书、速记员、法院报告人。

ECI：银行行长、审计员、信用管理员、地产管理员、商业管理员。

ECS：信用办事员、保险人员、各类进货员、海关服务经理、售货员、购买员、会计。

ERI：建筑物管理员、工业工程师、护士长、农场管理员、农业经营管理人员。

ERS：仓库管理员、房屋管理员、货栈监督管理员。

ERC：邮政局长、渔船船长、机械操作领班、木工领班、瓦工领班、驾驶员领班。

EIR：科学、技术和有关周期出版物的管理员。

EIC：专利代理人、鉴定人、运输服务检查员、安全检查员、废品收购人员。

EIS：警官、侦察员、交通检验员、安全咨询员、合同管理者、商人。

EAS：法官、律师、公证人。

EAR：展览室管理员、舞台管理员、播音员、驯兽员。

ESC：理发师、裁判员、政府行政管理员、财政管理员、工程管理员、售货员、职业病防治、商业经理、办公室主任、人事负责人、调度员。

ESR：家具售货员、书店售货员、公共汽车驾驶员、日用品售货员、护士长、自然科学和工程的行政领导。

ESI：博物馆管理员、图书馆管理员、古迹管理员、饮食业经理、地区安全服务管理员、技术服务咨询者、超级市场管理员、零售商品店店员、批发商、出租汽车服务站调度。

ESA：博物馆馆长、报刊管理员、音乐器材售货员、广告商售画营业员、导游、（轮船或班机上的）事务长、飞机上的服务员、船员、法官、律师。

ASE：戏剧导演、舞蹈教师、广告撰稿人、报刊专栏作者、记者、演员、英语翻译。

ASI：音乐教师、乐器教师、美术教师、管弦乐指挥、合唱队指挥、歌星、演奏家、哲学家、作家、广告经理、时装模特。

AER：新闻摄影师、电视摄影师、艺术指导、录音指导、丑角演员、魔术师、木偶戏演员、骑士、跳水员。

AEI：音乐指挥、舞台指导、电影导演。

AES：流行歌手、舞蹈演员、电影导演、广播节目主持人、舞蹈教师、口技表演者、喜剧演员、模特。

AIS：画家、剧作家、编辑、评论家、时装艺术大师、新闻摄影师、演员、文学作者。

AIE：花匠、皮衣设计师、工业产品设计师、剪影艺术家、复制雕刻品大师。

AIR：建筑师、画家、摄影师、绘图员、雕刻家、环境美化工、包装设计师、绣花工、陶器设计师、漫画工。

SEC：社会活动家、退伍军人服务官员、工商会事务代表、教育咨询者、宿舍管理员、旅馆经理、饮食服务管理员。

SER：体育教练、游泳指导。

SEI：大学校长、学院院长、医院行政管理员、历史学家、家政经济学家、职业学校教师、资料员。

SEA：娱乐活动管理员、国外服务办事员、社会服务助理、一般咨询者、宗教教育工作者。

SCE：部长助理、福利机构职员、生产协调人、环境卫生管理人员、戏院经理、餐馆经理、售票员。

SRI：外科医师助手、医院服务员。

SRE：体育教师、职业病治疗者、体育教练、专业运动员、房管员、儿童家庭教师、警察、引座员、传达员、保姆。

SRC：护理员、护理助理、医院勤杂工、理发师、学校儿童服务人员。

SIA：社会学家、心理咨询者、学校心理学家、政治科学家、大学或学院的系主任、大学或学院的教育学教师、大学农业教师、大学法律教师、大学工程和建筑课程的教师、大学数学教师、大学医学教师、大学物理教师、大学社会科学教师、大学生命科学教师、研究生助教、成人教育教师。

SIE：营养学家、饮食学家、海关检查员、安全检查员、税务稽查员、校长。

SIC：描图员、兽医助手、诊所助理、体检检查员、娱乐指导者、监督缓刑犯的工作者、咨询人员、社会科学教师。

SIR：理疗员、救护队工作人员、手足病医生、职业病治疗助手。

完成上述测试以后，请按照要求将分析成果填写在表 2-17“成果产出表 5”中：

表 2-17　成果产出表 5

项目	分析
你的测试结果是什么？	
现在，你能为未来的就业做些什么准备？	

任务 2：自我认知与分析

认真开展自我认知，并按照要求将分析结果填写在表 2-18～表 2-20“成果产出表”中。

表 2-18　成果产出表——自我意识

	真实的我	理想的我	别人眼中的我
身高 体重 相貌 性别 性格 能力 爱好 专长 人际关系			
“理想的我”与“真实的我”不相符之处多吗？			
“真实的我”与“别人眼中的我”有多大差距？			
WAI 技法（WAI technique）是指对“我是谁？”（英文“who am I”，简称 WAI）这样的问题自问自答，因其形式上是自由书写 20 种回答，故也被称为 20 句测验（Twenty Statements Test）。WAI 技法始于 20 世纪 50 年代（Kuhn & McPartland，1954），以“我”字开头 20 行空行，并印有 1～20 的序号，要求被测试者针对“我是谁”这样的问题，用 20 种相异的回答说明头脑中浮现的关于自己的想法。	1.我是（　　　　）的人。 2.我是（　　　　）的人。 3.我是（　　　　）的人。 19.我是（　　　　）的人。 20.我是（　　　　）的人。		

表 2-19　成果产出表——自信与分享

每人制作一张“名片”，“名片”上写下自己最想让别人叫的昵称。 名片能展示自己特点、能力和个性化的风采，其中要包括姓名、体貌特征、性格、血型、爱好及特长、理想等基本内容，也可以根据自己的特点增加特色项目，以突出自己的独特性。	
你在生活中主要扮演了哪些角色？你认为很重要的是哪些？你认为做得好的是哪些？	

续表

你是否曾有在公共场合不敢表达个人意见的体验？		怎么做才好	
你是否曾在社交活动中为无法认识新朋友而苦恼？			
你是否曾为无法拒绝别人的要求而纠结？			
从小到大，你被周围人赞扬过的优点有哪些？批评过的缺点是什么？你认为自己有弱点吗？弱点是什么？			
向小组成员讲述自己的优点（不要不好意思）。小组成员帮助补充优点。			
分享：谈谈重新认识自己之后的感受。			

表 2-20 成果产出表——认知气质

从我国四大名著中任意选择一部中的四个人物，分别作为四种气质类型的典型代表人物，对其特点进行分析，完成下面表格：

人物名字	气质类型	特点	如何扬长避短

任务 3：成果汇报

完成任务，指导教师从各组中任意抽取 1～3 名同学进行口头汇报，计入加减分。

四、成果评价标准与得分

（一）评分标准

本次项目任务分为三个子任务，每个任务的完成都有相应的分值，具体评价标准为：

（1）本次项目任务占据最后总评成绩的 10%；

（2）任务分工表填写符合要求，具有可操作性，记录详细清晰；

（3）自我测试与自我认知分析部分独立完成，认真记录与分析，按照要求进行分析并且分析得当、正确、有说服力；

（4）在规定的时间内完成；

（5）口头汇报表达清晰、正确、合理、态度认真。

（二）分值分配

填写表 2-21，计算总分。

表 2-21　分值分配表

评分项	满分	个人评价（30%）	小组评价（30%）	教师调整（40%）	总评
分工与安排	5				
练习编号 01	25				
练习编号 02	35				
练习编号 03	35				
合计	100				

项目3 仪容仪表训练

Project three

学习目标

（1）理解礼仪的实质、特征、原则及其作用；了解仪容设计的重要意义及基本要求；

（2）掌握化妆的基本要求、工具及化妆品；掌握化妆的基本流程，能够根据自身情况灵活运用化妆技巧、方法进行得体的化妆；

（3）了解不同职业的妆容设计，能够根据自己将来工作或生活的妆容需要设计妆容；

（4）了解服饰穿戴应遵循的原则，掌握西装、制服和裙服的穿搭要求；掌握饰品佩戴的基本要求；能根据自身特点及交际场合等的不同，有针对性地选择合适的服饰；

（5）培养和提高团队意识、精神及团队协作能力；能够认真完成工作；能够自我控制，培养良好的岗位职业道德。

知识铺垫

导入案例

小李的面试

某公司招聘经理助理，待遇优厚，应聘者非常多，刚毕业的小李也前往面试。她在大学期间表现优秀，曾经在各类刊物上发表过多篇作品，还曾经为多家公司策划过活动。她英语表达流利，书法也很棒，并且，小李身材高挑，长相甜美。为了参加面试，小李做了充分的准备，她穿着迷你裙，配上露脐装，并且为了显得突出，专门涂了鲜红色的口红。面试的时候，她不请自坐，在面试的过程中始终跷着二郎腿。主考官问了几个问题后就让小李回去等通知了。

思考

小李能等到录用通知书吗？为什么？如果你是小李，你会怎样准备这次面试活动？

每个人都有自我尊重及想获得他人关注、尊重的需要，只有注重仪容仪表，从个人形象上更好地反映出良好的修养与蓬勃向上的生命力，才能受到别人的称赞、尊重和接纳。良好的仪容仪表一方面是对他人的尊重，另一方面也是自己工作的动力，能体现出个人的自尊自爱。每个人的仪容仪表，无论是有意还是无意，都会在他人心理上造成或轻松愉悦、或别扭不畅的感觉。如果尊重他人，就应该通过仪容仪表来体现对他人的重视。仪表端庄大方，整齐美观，就是对他人尊重的体现。案例中的小李衣冠不整、修饰不当，没有体现出良好的职业形象，必然也很难获得别人认可。

一、仪容仪表概述

仪容仪表指一个人的整体外观，仪容是人的容貌，主要指人的头部，包括面部、发型等；仪表是人的外表，主要指人的衣着。每个人的仪容仪表都会引起交往对象的特别关注，并将影响到对方对自己的整体评价。同时，仪容仪表对于做好工作也非常重要。在职业形象中，仪容最引人注目。仪容仪表不仅是打扮和美容，它实际上体现了个人的职业精神面貌。

动一动，想一想

前后桌的四个同学为一组，小组同学互相观察，指出每位同学在仪容仪表上的优点和不足，共同探讨有关仪容仪表的具体要求。

（一）仪容仪表的基巿要求

仪容仪表要做到自然美、修饰美和内在美的统一，这是仪容仪表的基本要求。

（1）自然美，指仪容的先天条件好，天生丽质。保持干净的仪容相貌，无疑会令人赏心悦目，感觉愉快。

（2）修饰美，指依照规范与个人条件，对仪容进行必要的修饰，扬其长，避其短，设计、塑造出美好的个人形象，在人际交往中尽量给对方留下好印象。

（3）内在美，指通过努力学习，不断提高个人的文化、艺术素养和思想、道德水准，培养自己高雅的气质与美好的心灵，表里如一。

以上三点是实现仪容仪表美的关键，三者之中，仪容的内在美是最高的境界，仪容的自然美是人们的心愿，而仪容的修饰美是本书关注的重点。

（二）仪容仪表修饰的基本原则

为了维护自我形象，有必要修饰仪容仪表。在仪容仪表的修饰方面要注意以下五点。

（1）干净。要勤洗澡、勤洗脸，脖颈、手都应该干干净净的，并经常注意去除眼角、口角及鼻孔的分泌物。要勤换衣服，消除身体异味。

（2）整洁。整齐洁净、清爽。要使仪容整洁，重在持之以恒，这与自我形象的优劣关系极大。

（3）卫生。这是每个人都应当自觉做好的，注意口腔卫生，早晚刷牙，饭后漱口，不能当着客人面嚼口香糖；指甲要常剪，头发按时理，不要蓬头垢面。

（4）简约。仪容既要修饰，又忌讳标新立异、“一鸣惊人”，简练、朴素最好。

（5）端庄。仪容庄重大方，斯文典雅，不仅会给人以美感，而且容易使自己赢得他人的信任。相比之下，将仪容修饰得花里胡哨、轻浮怪诞，是得不偿失的。

二、仪容修饰

仪容修饰是职业形象设计的重要方面。在交往活动中，每个人对另一个人发自内心的好恶亲疏，往往都是根据其在见面之初对于对方仪容的基本印象决定的。但天生丽质的人毕竟是少数，靠化妆修饰、发式造型、着装佩饰等手段，可以弥补和掩盖在容貌、形体等方面的不足，从而更好地把自身较美的方面展露、衬托和强调出来，使形象得以美化。

（一）仪容修饰的基本要求

成功的职业仪容修饰应该遵循以下基本要求。

（1）适应性：要求仪容修饰与个体自身的性别、年龄、容貌、肤色、身材、体型、个性、气质及职业身份等相适宜和相协调。此外，仪容修饰还需要与时间、环境氛围、特定场合相协调。

（2）整体性：要求仪容修饰先着眼于人的整体，再考虑各个局部的修饰，促成修饰与人自身的诸多因素之间协调一致，使之浑然一体，营造出整体风采。

（3）适度性：要求仪容修饰无论是修饰程度，还是在饰品数量和修饰技巧上，都应把握分寸，自然适度。追求虽刻意雕琢却又不露痕迹的效果。

（二）职业妆的基本设计

化妆能给同事和客户带来美的感觉，能体现出最好的工作状态与精神面貌，男士的职业妆关键在于干净、整洁和适当的修饰。应该懂得修饰的重要性，穿着干净得体只是一个方面，而保养肌肤、护理头发不仅是让别人看着顺眼或感觉好这么简单，这些还可能会使自己在职场上信心百倍。

女士更应掌握职业妆的基本方法与技巧，合适的妆容不仅能够赢得别人的好感，而且还可以获得 “专业”“能干” 的印象认可。职场新人更需要显得庄重、亲和和干练，因此恰当的职业妆是每个职场人士尤其是女士应该掌握的。

1. 做好护肤工作

化妆之前需要做好护肤工作，上妆前要深度滋润肌肤。做好妆前护肤，不仅能提升肤色，滋润肌肤令肌肤保持水润，也可以减少彩妆品和环境的刺激，即使卸妆后，肌肤依旧有光彩。做好护肤是化妆打底的基础。

皮肤护理必须经过五个步骤：清洁——调整皮肤纹理——爽肤——均衡滋润——保护。对于护肤，重要的是了解自己的皮肤类型，对号入座，选用适合自己皮肤类型的护肤品才能起到好的效果。

2. 化好职业妆的基本方法

（1）打好底妆。

要选择有保湿效果的粉底。尽量选用接近自己肤色的自然色彩的粉底，即使肤色偏黑，也不要挑选颜色深的粉底，以免显得不自然。倘若肤色偏白或偏黄，则在使用粉底外，再扑上一些粉红、粉紫色的蜜粉来营造白里透红的效果。

（2）有神的眼妆。

化眼妆首先要注意挑选眼影，颜色过于浓艳的眼影不适宜在工作场合中使用，眼影的颜色可以按照不同服装款式和颜色来进行搭配，越自然越好，肉粉色、灰色会显得比较自然，更适合职业妆。另外，清晰有力的眼线可以突出眼神，眼睛中央的睫毛膏涂抹均匀、浓密而富有光泽，会让人觉得聪明、机灵而有知识性。强调眼睛尾部睫毛，则可营造深邃有质感的眼神。

（3）自然的眉形。

眉头颜色要淡，不可超过眉峰的颜色，眉峰是整个眉毛中颜色最深的，眉尾可以比眉头颜色稍深，用眉梳梳理的时候不要太用力而导致刷掉眉粉，按照自身的脸型需求画眉形。职场中最好选择稍粗而眉峰稍锐的眉形，这样会显得能干而精明。

（4）精神的唇色。

口红要轻而薄地涂于唇上，唇线不要太明显。同时，在选择口红颜色的时候，一定要掌握分寸，以不抢眼为好。清爽的唇色画法是将口红各点在上下唇中央部位，然后再轻轻用双唇抿开，颜色以肉、粉、橘为佳。另外，唇是最容易脱妆的部位，因此最好随时带着一个防水型且持久的唇彩或口红，这样就可避免在和同事说话时因脱妆产生的尴尬。

（5）用胭脂点缀。

职业妆的腮红颜色应以暖调为主，为使肤色更明快，应选择粉红或橙红。注意，腮红的颜色不可强过唇彩。晕染的方法是，画在颧骨的下方，外轮廓用修容饼修饰。

（三）发型的选择

1. 职场人士发型礼仪基本要求

实际上，一个人的头发在其整体形象中所占分值是很高的，作为职场人士能找到一个适合自己的发型是非常重要的，职场人士在发型礼仪上需要注意以下几点。

（1）保持头发干净。若是对头发懒于梳洗，弄得自己蓬头垢面，满头汗馊味、油味，发屑随处可见，是很败坏个人形象的。所以，平日需要对自己的头发勤于梳洗，在保养头发的同时消除异味。

（2）理发。理发又分为剪、刮、洗、染、吹、烫等各种不同的方式。虽说一个人头发的长短应当悉听君便，但从社会礼仪和审美的角度看，它仍受到若干因素的制约，不可以一味地只讲自由与个性。例如，男士应做到不留光头、不烫发、不披肩、不染发。女士脸长者不宜头发过短，脸短者则不宜头发过长；个高者可留长发，并梳理蓬松，个矮者宜剪短发；肤黑或黄者宜留披肩发。另外，商务人士在理发时，如果把自己的头发染得更黑一些是比较正常的。然而若是执意把自己的黑头发染成黄、红、绿、蓝等颜色，甚至将头发染成数色并存的彩色，则与职场需求不相符。

（3）梳发。梳发是保持美发不可缺少的日常修整步骤之一。梳理头发要避免在公开场合操作，梳理头发是一种私人性质的活动。他人所了解的，应当是其结果，而不是过程。在外人面前梳理自己的头发，使残发、发屑纷纷飘落的情景尽落他人的眼底，是极不礼貌的。

（4）美发。美发是指不仅要美观大方，而且要自然，不做奇异发型。在通常情况下，美发包括烫发、染发、做发、戴假发等。在决定美发之前一定要看一下本人发质、年龄、职业是否合适。

2. 男士职场发型建议

在职场中，建议男士的发型发式标准是干净整洁，要注意经常修饰、修理。为了显示出商界人士的精明干练，同时也是为了方便工作，通常提倡商务人员将头发剪短为宜，在3～7厘米即可，做到头发前不覆额，侧不掩耳，后不及领，并且面不留须，也就是前部的头发不要遮住眉毛，侧部的头发不要盖住耳朵，后部的头发不要长过西装衬衫领子的上部，头发不要过厚，鬓角不要过长。职场男士不宜留长发，不宜烫发，不宜染发，也不宜理成光头。

3. 女士职场发型建议

想一想：

一个在职场上工作多年的成熟女性，30岁以上还依然扎个翘翘的小辫子，或者是为了想让自己显得年轻一点儿，还留一个齐刘海；又或者新入职场就梳一头大波浪的长发，从职业的角度来看，这样的发型适合吗？为什么？

无论是想把自己打扮得年轻一点儿，还是想把自己打扮得成熟一点，都会在职场形象当中有不匹配的表现，在职场上女士选择发型，应根据自身的情况而定。以下给出几个建议。

（1）如果想让自己显得更干练建议留短发。一般要求在工作岗位上时头发长度不宜超过肩部，更不应该将自己的头发随意披散开来。最好对其稍加处理，如将其盘起来，或者束起来。

（2）考虑脖颈的长短。发型对于脖颈的要求也非常高，脖颈长的人更适合梳长发。

（3）身高的情况。如果个子比较高，如女性在 162cm 以上，那么可能长发会更好，如果在 160cm 以下，那么在留长发的时候，无形当中会从视觉上将自己的个头变矮，所以不建议梳长发。

（4）根据发质情况。如果发质情况很好，则比较适合梳长头发，反之最好留短发。

（5）发色的选择。如果想染头发，则最好选择一个深而稳重的颜色，这样会显得稳重踏实。

三、仪表修饰

个人的仪表形象在社会生活中起着不可忽视的作用。在现实生活中，人们常说“人靠衣装”，不同的穿着打扮显露出不同的仪表形象，代表着不同的身份、不同的角色。

案 例

小李的尴尬

小李和几个外国朋友相约周末一起聚会娱乐，为了表示对朋友的尊重，星期天一大早，小李就西服革履地打扮好，对着镜子摆正漂亮的领结前去赴约。八月天气酷热，他们来到一家酒店就餐，边吃边聊，大家好不开心快乐！可是不一会儿，小李已是汗流浃背，不住地用手帕擦汗。饭后，大家到娱乐厅打保龄球，在球场上，小李不断为朋友鼓掌叫好，在朋友的强烈要求下，小李勉强站起来整理好服装，拿起球做好投球准备，当他摆好姿势用力把球投出去时，只听到“嚓”的一声，上衣的袖子扯开了一个大口子，弄得小李十分尴尬。

思 考

小李的尴尬出在哪些地方？如果是你会怎样去避免这样的尴尬？

____

____

____

____

仪表修饰很重要的一项就是服饰礼仪，在什么样的场合下都有特定的服装要求。在正式的场合下应着正装，娱乐场合中我们应该以休闲为主。我们在穿着打扮中，还要考虑到自己的身份、地位。在本案例中，小李约见的是外国朋友，参加的是娱乐聚会，应该以休闲为主，但也必须注意对外国朋友的尊重，在选休闲服装时，应该以舒适为主，做到干净、整洁，讲究一定的品味，适合自己的身份，所以建议小李：上身着休闲的 T 恤衫，下身穿牛仔裤或正规的商务休闲裤，脚穿休闲鞋子或运动鞋。

（一）着装的 TOP 原则

1. TOP 原则

着装的 TOP 原则是世界通行的着装打扮的最基本原则，TOP 是三个英语单词的缩写，它们分别代表时间（Time）、场合（Occasion）和地点（Place），即着装应该与当时的时间、所处的场合和地点相协调。TOP 原则的掌握和灵活运用尤显重要。无法想象一位五星级宾馆的公关小姐穿着套头 T 恤加牛仔裤立于大门旁迎接宾客的情景，也不能想象一位身着考究礼服的公关先生参加盛夏的郊游活动时的心理感受。只有当服饰遵循了 TOP 原则的时候，它才是合乎礼仪的，才能够给公众以可敬、可信、可亲的心理效应。

（1）时间原则。一般包含三个含义。第一是指每天的早上、日间和晚上三段时间的变化，第二是指每年的春、夏、秋、冬四季的不同，第三是指时代间的差异。要随时间而变换，如白天工作时，应穿着正式套装，以体现专业性；晚上出席一些宴会就须多加一些修饰。

（2）场合原则。指服饰要与穿着场合的气氛相和谐。参加庄重的仪式或重要的典礼等重大公关活动时，着一套便服或打扮得花枝招展，会使公众感觉你没有诚意或缺乏教养，从而一开始就对你失去信心，而在朋友聚会、郊游等场合，着装应轻便舒适。一般来说，应事先有针对性地了解活动的内容和参加人员的情况，或根据往常经验，精心挑选和穿着合乎这种特定场合气氛的服饰。记住永远穿得比四周的人稍微考究一点、精神一点、时尚一点，使你的服饰与场合气氛的融洽和谐程度始终比公众略高一筹。

（3）地点原则，实际上是指环境原则。不同的环境需要与之相协调的服饰，如果是去公司或单位拜访，穿职业套装会显得专业；外出时要顾及当地的传统和风俗习惯，做到“入乡随俗”。如去教堂或寺庙等场所，一定不能穿过露或过短的服装。

2. 三三原则

在职场中，我们的着装也必须要遵循“三三原则”。

（1）三色原则。指的是在职场场合，全身的服装颜色不超过三种颜色，颜色越多就显得越俗气。

（2）三一定律。指职场中人如果着正装必须使三个部位的颜色保持一致。如男士身着西服正装时皮鞋、皮带、皮包应基本一色；女士的皮鞋、皮包、皮带及下身所穿着的裙裤及袜子的颜色应当一致或相近。

（3）三大禁忌。首先西服套装衣袖商标需要拆掉；再有不要穿尼龙丝袜，而应当穿高档一些的纯棉袜子，以免产生异味；最后不要穿白色袜子。

（二）男士着装礼仪

1. 西装的挑选

西装已经成为男士们在正式场合必不可少的服饰，想要让自己更出众就要选择好的西装，挑选西装要注意以下几个方面。

（1）面料选择。高雅、严肃的场合穿着西装力求高档，一般要配套穿着，以不易起皱的全毛或含毛料比较高的混纺面料为好。比较随便的场合可选择皮革、真丝、人造丝、粗斜纹和有条子的厚面料做成的休闲西装，建议不要配套穿着。

（2）色彩选择。正式场合穿着的西装可采用黑色、深蓝、深灰等颜色，非正式场合穿的休闲西装颜色可以多样选择。

（3）风格选择。单排扣西装上衣比较传统。一粒纽扣和三粒纽扣单排西装上衣显得比较时尚，而两粒纽扣的单排西装上衣就更为正统一些。双排扣的西装比较时尚。两粒纽扣和六粒纽扣的双排西装属于流行款式，而四粒纽扣的双排西装就具有传统风格。

2. 西装着装注意事项

（1）正确扣纽扣。穿西装时上衣纽扣的系法讲究最多，在大庭广众之下起身站立后，上衣的纽扣应当系上。就座后上衣纽扣就可以解开，以防衣服走样。如果是单排扣上衣，里面穿了背心或羊毛衫，站的时候可以不系扣子。一般单排两粒纽扣，只系上面那粒。单排三粒纽扣的可以只系中间的或上中两粒扣子。但双排扣西装要求把所有扣子都系上。西装背心只能和单排扣西装上衣配套。纽扣数目不等，可分为单排和双排扣式两种。根据惯例，单排式西装背心的最下面那粒纽扣应当不系，双排式西装背心要把全部纽扣都系上。不管是单穿还是和西装配套，都要认真扣上，不能敞开。

（2）口袋装饰。西装的胸袋又称手帕兜，用来插装饰性手帕，也可空着。手帕须根据不同的场合折叠成各种形状，插于西装口袋。内侧胸袋可以放钢笔、钱夹或名片夹，但不要放过大、过厚的东西。外侧下方的两个大口袋，原则上不放东西。西装背心的口袋多起装饰作用，一般只放怀表。西装裤子侧面的口袋只可以放纸巾、钥匙包或小钱包。后侧的口袋，最好什么也不放。

（3）内穿搭配。西装的标准穿法是内穿衬衫，与西装配套的衬衫须挺括、整洁、无褶皱，尤其是领口。衬衣袖子应以抬手时比西装衣袖长出 2 cm 左右为宜，领子应略高于西服领，下摆要塞进西裤。如不系领带，可不扣领口。如果确实需要在衬衫内穿其他衣服时，以一件为限，否则就显得很臃肿。色彩要和衬衫相仿，至少不比衬衫色彩深，免得“反差”鲜明。内衣的领口和袖口要比衬衫的领口低，以免外露。冬天最好穿“V”领的单色羊绒衫或羊毛衫，简单大方，也可打领带。

（4）鞋袜搭配。穿西装一定要穿皮鞋，且要上油擦亮，皮鞋的颜色要与西装相配套。穿皮鞋还要配上合适的袜子，袜子最好比皮鞋颜色深，使它在西装与皮鞋之间起到一种过渡作用。

（5）领带搭配。领带必须打在硬领衬衫上，要与衬衫、西服和谐，其长度以到皮带扣处为宜。若内穿毛衣或毛背心等，领带必须置于毛衣或背心内，且西服下端不能露出领带头。领带夹是用来固定领带的，其位置不能太靠上，以衬衫的第 4 粒纽扣处为宜。

综上所述，职场男士仪容仪表基本要求总结如图 3-1 所示。

看图总结与复习

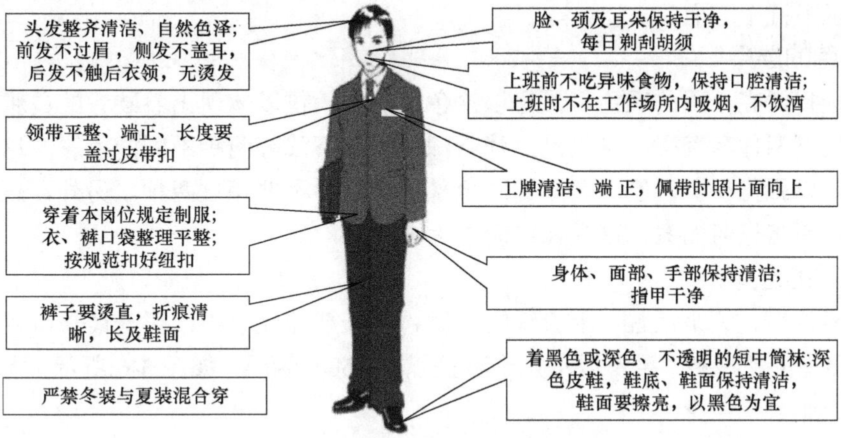

图 3-1　职场男士仪容仪表基本要求

拓展阅读

领带的不同系法

（1）温莎结。是最正统的领带结的打法，打出的结呈正三角形，饱满有力，适合搭配宽领衬衫，用于出席正式场合。切勿使用面料过厚的领带来打温莎结。如图 3-2 所示。

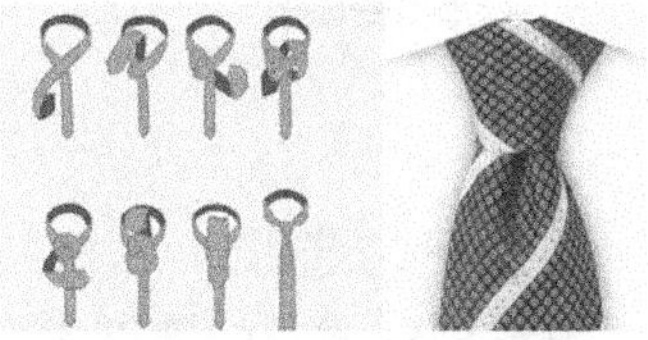

图 3-2　温莎结系法

（2）四手结。通过四个步骤就能完成打结，故名为“四手结”，它是最便捷的领带结的打法，适合宽度较窄的领带，搭配窄领衬衫，风格休闲，适用于普通场合。适用于各种款式的衬衫及领带。如图 3-3 所示。

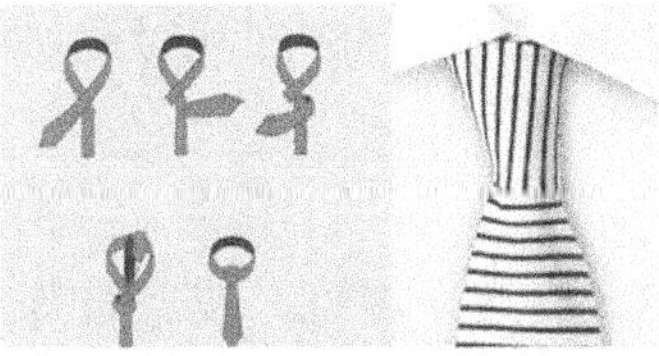

图 3-3　四手结系法

（3）交叉结。主要的特点在于打出的结有一道分割线，适用于颜色素雅且质地较薄的领带，对于喜欢展现流行感的男士不妨多加使用“交叉结”。如图 3-4 所示。

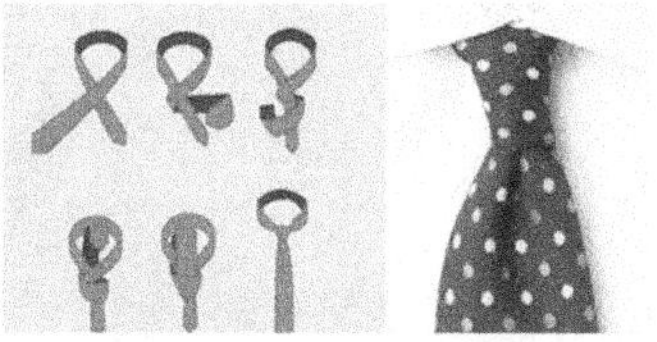

图 3-4　交叉结系法

（4）亚伯特王子结。适用于质地柔软的细领带以及搭配扣领及尖领衬衫，宽边先预留较长的空间，并在绕第二圈时尽量贴合在一起，由于要绕三圈，因此领带切莫选择较厚的质地。如图 3-5 所示。

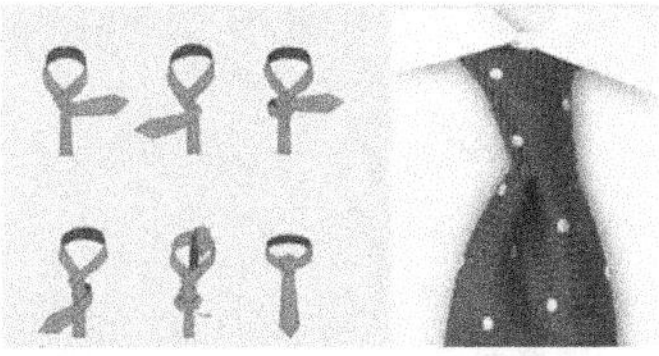

图 3-5　亚伯特王子结系法

（二）女士着装礼仪

在职场中，女性的着装以套装为主，其中套式裙装是目前最适合职业女性的服装，需要注意以下几个方面。

1. 颜色的选择

不要选择鲜亮抢眼的颜色，最好以冷色调为主，借以体现出着装者的典雅、端庄与稳重。如果是两件套套裙，可以是上浅下深或上深下浅等两种不同的色彩，这样形成鲜明的对比，以强化印象，但一套套裙的全部色彩至少不要超过两种。另外，正式场合穿的套裙可以不带任何图案，这样显得简洁大方。

2. 尺寸的选择

套装要长短、大小适宜，上衣最短齐腰，袖长要盖住手腕，裙子最长可以达到小腿中部。套裙中的超短裙，裙长以不短于膝盖以上 15cm 为限，如图 3-6 所示。上衣或裙子均不可过于肥大或包身。

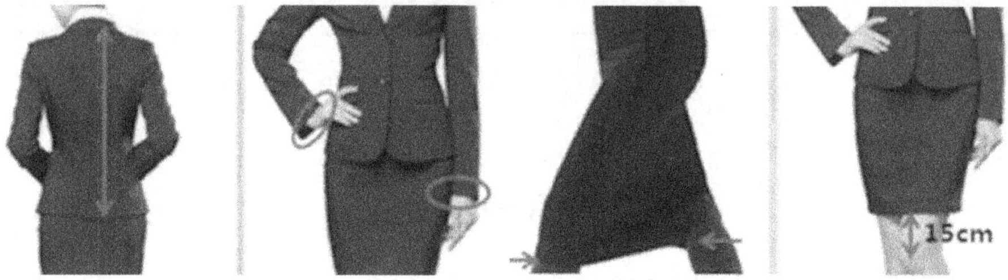

图 3-6　女士套装尺寸选择

3. 衬衫的选择

衬衫面料要求轻薄而柔软，可选择真丝、麻纱、纯棉。色彩要求雅致而端庄，如果与套裙搭配，要注意色彩与套裙的色彩协调，内深外浅或内浅外深，形成深浅对比，最好无图案。穿衬衫的注意事项：衬衫下摆掖入裙腰里，纽扣都要系好。

4. 鞋袜的选择

鞋以高跟、半高跟黑色牛皮鞋为宜，系带式皮鞋、丁字式皮鞋、皮靴、皮凉鞋等，都不适合采用。如图 3-7 所示。袜子的颜色浅于或略同于鞋和裙子的色彩，也可选择与

图 3-7　职场女士套裙鞋的选择

套裙色彩一致的皮鞋，整体看上去才会和谐；不要选择艳色或者带有花纹的袜子。脱丝或者破损的袜子更不能穿，穿裙子应当配长筒袜或连裤袜，忌光脚，颜色以肉色、黑色最为常用，尤其要注意的是，袜口不能露在裙摆或裤脚外边。鞋袜要大小相宜，鞋袜完好无损，鞋袜不可当众脱下，袜子不可随意乱穿，袜口不可暴露于外，尤其是穿开叉裙时更要注意。

5. 饰物的选择

套裙上不宜添加过多的点缀，不允许佩戴与个人身份无关的珠宝首饰，也不允许佩戴有可能过度张扬自己的耳环、手镯、脚链等首饰。注意有碍于工作的首饰不戴、炫耀其财力的首饰不戴、突出个人性别特征的首饰不戴。佩戴耳环、项链、戒指、手镯、手链、胸针等首饰以少为佳，同质同色，风格划一。

另外，女士用的提包不一定是皮包，但必须质地好、款式庄重，并与服装相配；正式场合使用的围巾要庄重、大方，颜色要兼顾个人爱好、整体风格要流行时尚，最好无图案，亦可选择典雅、庄重的图案。

6. 穿着礼仪

在正式场合穿套裙时，上衣的衣扣必须全部系上。不要将其部分或全部解开，更不要当着别人的面随便将上衣脱下。上衣的领子要完全翻好，有袋的盖子要拉出来盖住衣袋。如图 3-8 所示。

图 3-8 职场女士套裙着装要求

衬衫的领围以插入一指大小为宜，裤裙的腰围以插入五指为宜。不挽袖，不卷裤，不漏扣，不掉扣；领带、领结、飘带与衬衫领口的吻合要紧凑且不系歪；如有工号牌或标志牌，要佩戴在左胸正上方，有的岗位还要戴好帽子与手套。

总之，套装在着装上要注意色彩得当，长短适宜，穿着到位，协调妆饰同时注意兼顾举止。

项目任务书

一、分组

将一个班的学生分成6～8个团队，每个团队5～7人。具体步骤如下所述。

（1）教师先通过让学生自荐和推荐的方式选出各队队长，明确队长的职责。（负责本团队所有活动的组织、安排、协调工作，同时自己带头完成分配给自己的工作，督促、帮助其他成员完成相应的工作。）

（2）由队长在课堂上自行联系本班同学，组成自己的团队。每个团队中的成员应该男性与女性合理搭配，每个团队最好分别有性格外向的、性格内向的、表达能力强的、计算机能力强的、文字能力强的、组织能力强的学生。

二、任务分工与安排

（1）首先要全部认真地阅读该次项目任务的所有内容，清楚自己需要完成哪些任务（哪些是需要集体合作共同完成的，哪些是自己独立思考完成的）、如何完成、何时完成，做到心中有数。

（2）组长针对任务内容进行详细分工与安排，并将最终任务安排明细在小组里宣布，做到组内的每个成员都非常清楚。然后组员按照组长的分配开始行动。要保证时间安排合理，在规定的时间内完成各项任务。

注意：需集体共同完成的任务由组长组织协调分工（什么时间谁负责查找资料，如何进行市场调查，什么时候研讨并分析，什么时候模拟练习，什么时候填写分析报告，谁负责制作PPT等），避免争吵，要注意所分配的任务合理，以锻炼组员各种不同的能力，分工要利于高效完成项目任务。

（3）一定要在规定的时间内完成，团队组织到位，分工合理，整个活动过程有序、有效；资料查找完整，在规定时间内将任务产出内容填写完整，清晰明了且表达生动。

（4）组长与组员商讨本组任务分工与安排后，填写任务分工安排表。

注意：在组长的任务书中填写的是完整的任务分工安排表，即整组每个成员的任务安排，个人的任务书中则只需要将自己的任务分工与安排填写即可。

（5）不清楚的地方请及时向指导教师询问。

（6）根据计划填写计划表，见表3-1“计划安排表”。

表3-1 计划安排表

任务编号	任务内容及说明	时间安排	负责及参与人员	备注说明

续表

任务编号	任务内容及说明	时间安排	负责及参与人员	备注说明

填表说明：（其他任务分工安排表同）

练习编号：参见项目任务执行，个人填写所负责对应的编号；

练习内容：将具体的任务内容安排填写清楚，并非简单地将每个任务的标题填写进去，有时候为了完成一个子任务，需要将其进行拆解，形成若干小任务；

时间安排：格式为：××月××日××点—××月××日××点；

负责及参与人员：填写小组成员姓名；

备注说明：为了帮助小组更好地完成任务，其他需要增加的内容。

三、练习内容

练习 1：妆容情景设计

（一）案例分析

阿美和阿娟是一所美容学校的学生，对化妆非常感兴趣，走在大街上，总爱观察别人的妆容，因此发现了一道道奇特的风景线：一位中年妇女没有做其他化妆，只涂了一个嘴唇，而且是那种很红很艳的唇膏，只突出了一张嘴；一位女士的妆容看起来真的很漂亮，只可惜脸上精彩纷呈，脖子却粗糙马虎，在脸庞轮廓上有明显的分界线，像戴了面具一样；还有的女士用粗的黑色眼线将眼睛轮廓包围起来，像个“大括号”，看上去那么的不自然；一位很漂亮的女士，身穿蓝色调的时装，却画着橘红色的唇膏……

请根据上述内容完成表 3-2 的“成果产出表 1”，并以小组为单位进行讨论，选取代表发表意见。

表 3-2 成果产出表 1

请帮助阿美和阿娟分析一下，针对以上几种情形，自己化妆时应注意哪些问题？（针对以上情形进行重新改进与设计）	
化妆有哪些禁忌？	

（二）情景设计与分析

张晶，某高职院校市场营销专业毕业的学生，毕业后就职于一家公司做销售主管，身高 167cm，单眼皮，肤色有些偏黄，眉型散乱，鼻梁较塌，嘴唇过薄，标准身材，头发披肩，干性发质。

根据给出的情景，为张晶设计妆容，完成表 3-3 的“成果产出表 2”，并以小组为单位进行讨论，选取代表发表意见。

表 3-3 成果产出表 2

请为张晶设计平时的工作妆及发型设计	
参加公司庆典晚宴（妆容及发型设计）	

练习 2：妆容设计训练

女生用 20 分钟给自己化一个漂亮的工作妆（符合专业要求，如销售主管）；男生保持仪容整洁，适当修饰，并且根据自己的脸型、发质、专业选择合适的发型设计。

现场操作，各组分别派出两名代表进行展示，全班评选出最佳妆容设计人员男、女各一名。

练习 3：仪表自我认识

在学习仪表设计之前，你自身的服饰穿戴是否违反过要求？举例说明。

____

____

____

____

____

____

____

____

练习 4：情景仪表设计

（一）根据以下情景设计服饰

认真分析，并填写表 3-4“成果产出表 3”。

表 3-4　成果产出表 3

情景	服饰设计	理由分析
假设你是一位高层管理人员，周末你要与下属一起去郊游，请为自己设计一套服装，并阐述理由。		
毕业后你到一家公司应聘营销员职位，你将如何着装？		
某公司举行盛大的 10 周年庆典晚会，时间是 4 月 5 日晚上 19:00—21:00，地点在一个五星级酒店宴会大厅，请问你将如何穿戴入场。		

（二）案例分析及设计

有位女职员是财税专家，她有很好的学历背景，常能为客户提供很好的建议，在公司里的表现一直很出色。但当她到客户的公司提供服务时，对方主管却不太注重她的建议，原因是这位财税专家在着装方面有明显的缺憾：她 26 岁，身高 150cm，体重 43kg，看起来机敏可爱，喜爱着童装，像个小女孩。其外表与她所从事的工作相距甚远，所以客户对她所提出的建议缺少安全感、依赖感，她也就难以实现她的创意。

请为这位财税专家提供体现她职业和身份的着装建议，并阐述理由。填写完成表 3-5“成果产出表 4”。

表 3-5　成果产出表 4

着装建议（包括但不仅限于服饰款式、颜色、佩饰、穿着要点及注意事项）	着装设计理由

练习 5：仪表设计现场操作

1. 练习领带的不同系法，在此基础上比较不同系法的效果，并尝试搭配不同款式、不同色彩的衬衫，进行拍照留存。指导教师随机抽取各组任意一名同学进行现场操作，在规定的时间内完成指导教师提出的任意系法的操作，并进行现场评比。

2. 练习丝巾的不同系法，小组派一名同学进行现场操作，在规定时间内完成丝巾系法，并阐述搭配要点，现场评比。

根据指导教师要求，将以上任务制作成 PPT 进行成果展示与汇报。

四、成果评价标准与得分

（一）评分标准

本次项目任务分为五个子任务，每个任务的完成都有相应的分值，具体评价标准为：

1. 本次项目任务占据最后总评成绩的 15%；
2. 任务分工表填写符合要求，具有可操作性，记录详细清晰；
3. 仪容仪表设计分析结合实际，真实可信，解释到位，有说服力；
4. PPT 设计内容合适，布局合理，突出重点，富有创意，美观大方，字体图片搭配合适；
5. 口头汇报，要求全体参与，注意礼仪，表达清楚，观点明确，有说服力；
6. 操作符合要求，在规定的时间内完成。

（二）分值分配

填写表 3-6，计算总分。

表 3-6　分值分配表

评分项		满分	实际得分
书面表达部分	任务分工	3 分	
	练习 1	12 分	
	练习 2	10 分	
	练习 3	10 分	
	练习 4	15 分	
	练习 5	10 分	
	PPT 制作	10 分	
口头汇报部分		10 分	
实际操作	领带系法	10 分	
	丝巾系法	10 分	
加减分			
合计	百分制		
	项目成绩=百分制×10%		

项目4 言行举止训练

Project four

学习目标

认真学习正确的礼仪仪态展示，包括站姿、坐姿、蹲姿、走姿、(工作)手势等仪态，完成系列任务，能够达成以下所述目标。

（1）态度及思想上：明确在不同工作环境下正确仪态展示的重要性，重视正确仪态及其展示；

（2）知识能力上：明确各种基本仪态的正确展示要点及其注意事项，避免出现不良或者不正确的仪态展示；

（3）职业能力（技能应用）上：理论联系实际，不断训练以掌握正确仪态展示；并能够根据不同的工作场景或者社交场景进行正确仪态展示；

（4）职业素质上：查阅资料、分组开展项目，培养与提高团队协作能力；懂得换位思考，尊重他人；具有较强的时间意识，能够合理管理时间。

知识铺垫

导入案例

某企业与外商达成了合作协议，于次日进行签字。当天由企业领导陪同拟合作的外商一起参观工厂车间，期间该领导习惯性地向墙角吐了一口痰，然后用鞋底去擦拭，这一幕刚好被外商看到，参观结束后，这位外商让翻译给那位领导发了一封信，信中坦言对于这位领导吐痰行为的反感：“一个领导的行为举止、卫生习惯可以反映出一个企业的管理素质，因为所要采购的产品与卫生情况息息相关，考虑到安全，决定不再合作……”一个即将合作的项目，就这样被这位领导“吐”掉了，给企业带来了巨大的损失。

思考

谈谈案例给你带来的启示。

一个人的言行举止，不仅仅代表自己的形象与教养。在一定的场合，尤其是在工作环境中，个人的行为举止代表的是组织行为与组织形象。所以，一定要养成好的行为习惯，提高个人修养，重视细节，从小处做起，才不会丢失机会。

一个人的言行举止主要包括言谈举止与仪态行为举止两个方面，它是指一个行为人在特定场合的各种活动中，较稳定的礼仪行为。

一、言谈礼仪规范

言谈是人们运用语言表达思想、沟通信息、交流情感的重要方式，言谈要符合一定的礼仪规范，它是建立良好人际关系的重要途径，是连接人与人之间的思想感情的桥梁，是加强团结、增进友谊的一种动力。

言谈体现一个人的礼仪修养，要遵守一定的礼仪规范。

1. 礼貌端正

在职场上，不管什么时候与人交谈，都必须懂礼貌、讲文明，并且态度不能冷漠无情、无精打采、有气无力。以诚为本，诚心待人，才能取得听者的信任，同时要稳重，给人安全感，增加可信度，平易近人，不能傲慢无礼、狂妄自大、盛气凌人。

2. 专注真诚

谈话时要精力集中，如果表现得漫不经心、心不在焉，也会影响对方的谈话兴趣，打消交谈的热情，因为专注是对人的一种尊重。

3. 适宜准确

谈话内容要根据交谈的实际情形而定。有明确话题时，谈话内容就要相对集中，不能东拉西扯，不着边际；没有明确话题时，则可以选择一些适当的话题，但必须是健康有益且对方感兴趣。

4. 合理表达

吐字清晰、语气诚恳、言简意赅，适时的回应，确认和领会对方谈话内容、目的。不同场合、不同对象、不同内容应当有不同的语气措词和语调声态，要用最恰当的言辞和口吻表达意思。

二、言谈礼仪介绍

（一）问候礼仪

问候，也就是问好、打招呼。就是在和别人相见时，以语言向对方致意的一种方式。在有必要问候的时候，要注意问候的次序、态度、内容三个方面。

1. 问候的次序

如果同时遇到多人，特别在正式会面的时候，宾主之间的问候要讲究一定的次序。

一个人和另外一个人之间的问候，通常是“位低者先问候”，即身份较低者或年轻者首先问候身份较高者或年长者。一个人问候多人，这时候既可以笼统地加以问候，比如说“大家好”；也可以逐个加以问候。当一个人逐一问候许多人时，既可以由“尊”而“卑”、由长而幼地依次而行，也可以由近而远依次而行。

2. 问候的态度

问候是敬意的一种表现，态度上需要注意：

主动。问候别人，要积极、主动。当别人首先问候自己之后，要立即予以回应，不要不理不睬摆架子。

热情。问候别人的时候，通常要表现得热情、友好。毫无表情，或者表情冷漠的问候不如不问候。

自然。问候别人的时候，主动、热情的态度，必须表现得自然而大方。矫揉造作、神态夸张，或者扭扭捏捏，反而会给人留下虚情假意的不好印象。

专注。问候的时候，要面含笑意，以双目注视对方的两眼，以示口到、眼到、意到，专心致志。不要在问候对方的时候，眼睛已经看到别处，让对方不知所措。

3. 问候的形式

问候在内容上有两种形式，适用范围各不相同。

（1）直接式。所谓直接式问候，就是直截了当地以问好作为问候的主要内容。它适用于正式的公务交往，尤其是宾主双方初次相见。

（2）间接式。所谓间接式问候，就是以某些约定俗成的问候语，或者在当时条件下可以引起的话题，主要适用于非正式、熟人之间的交往。比如：“忙什么呢”“您去哪里”等，来替代直接式问好。

4. 问候的注意事项

（1）开口莫问“还记得我吗”。

见面时不可向仅有数面之缘的朋友提问“你还记得我吗？”对方若真的不记得了，无论是实话实说还是假装记得却叫不出名字，彼此都会觉得非常尴尬。得体的方式应该自我介绍说：“我是某某，我们曾在某地见过面。”

（2）慎说“代问夫人好”。

如果您遇到一位好久没有联系的朋友，又不太了解对方的近况，在问候时应注意不要轻易说“代问夫人好”“代问先生好”这样的话。如果对方已经离婚，或者配偶已过世，那么您的好心问候就会让对方很尴尬。因此见面应该笼统问候，比如说“代问家人好”“最近忙吗”等，再确定下面的话题。

（3）慎让小孩行“吻”礼。

孩子行吻礼无论是采用用自己的小手贴在自己嘴上“啪”一下的“分吻”的方式，还是直接亲在大人的脸上，都不符合现代卫生观点。因此建议少让孩子行吻礼。

（4）恰到好处的问候。

问候一定要避免使对方感到尴尬，不要触及对方的隐私，也不要涉及使对方不愉快的话题。如问候西方人力求做到“七不问”，即不问年龄、婚姻、收入、住址、经历、工作、信仰，否则会被人认为有意窥探他人隐私。问候还要注意不要在双方相距较远时高声叫喊，即使是最熟悉的朋友，也不要这样做，否则会被视为失礼，在公共场所大声问候不符合礼仪规范。

案例 4-1

问候无小事，回应有风险

某天，下班时间已经过了半小时，公司里的人基本上都已回家。领导拎着包急匆匆地走下楼，路过一楼的办公区时，遇到一名同事还坐在电脑前。为了表示对那位同事的关切，领导主动和他打招呼，领导说：“这么迟还没下班？”领导只是简单地问候，心想着对方回应一下就离开，那位员工以为领导有安排，立刻回答：“怎么了，领导，有事吗？”这样的回答令领导很尴尬，一时之间使得领导不知道该说什么。其实他这样回答的原因：一是因为他没有听清楚领导只是在问候，并没有什么事，二是他平时简单直白的表达习惯导致他脱口而出这样的回答。领导本来想急着回家，并没什么事找他，但他的这一回答却促使领导“没事找事”，结果真给这位员工安排了些工作……

所以错误地回应问候，会把自己的真实意思错误地翻译给交往对象，问候无小事，回应有风险。

4. 问候类型

（1）语言问候。常见的问候语有：“您好”“早安”“晚安”“打搅了”“好久不见，您近来好吗”“认识您很高兴”等。这些问候语看似简单，却能反映出一个人的教养，它听起来平易近人，令人舒心，能引起交谈双方对交谈的兴趣，也是表达感情的一种方式。

（2）动作问候。如果见面后觉得没有什么话好说，用点头、微笑、招手、握手等动作问候也行。尤其是在双方关系一般或仅是面熟而已，而且双方距离甚远的情况下，那么微笑点头也算是问候了，女士尤其如此。

（3）日常问候。人际关系的融洽离不开一定的情感因素，而一定的情感表达通常通过一定的问候予以传递。问候的形式有一般日常问候和特殊问候两种。这是在亲朋好友之间、同事之间、师生之间等互致的问候。有按时间问候，比如早晨上班、上学，同学、同事相互见面说声“你早”“早上好”；下班、放学时说声“再见”“明天见”等。也有按场合问候，如上班或上学离家时向父母打个招呼道别“爸爸妈妈，我走了”，回到家见到父母说声“爸爸妈妈，我回来了”。家里人也应回答：“你走好，早点回家!”“回来了，歇会吧。”

（4）特殊问候。特殊问候一般有节日问候、喜庆时的问候或道贺和不幸时的问候或安慰。在民间遇到婚嫁、祝寿、店铺开张、事业有成、乔迁新居等喜事，一般都应向其表示祝贺并致问候。对于丧葬、事业受挫、家庭变故、失恋、遭灾等不幸，要表示同情、安慰或协助操办相关事宜并给予必要的帮助。

（5）主动问候。在人际交往中，表示真诚和友好的问候，都应主动积极。在一般情况下，年轻人应主动问候年长者，男士应主动问候女士，下级应主动问候上级。主动问候别人，是尊重他人的表现，即使对方比你年轻，你若能主动问候对方也无妨，只会增进你们之间的友情。

（6）互相问候。被人问候后，应及时回敬问候，而且眼睛应热情地注视对方。如对方问候“您好”，可以回应一声“您好”，当对方说“见到您很高兴”时，可以回答“谢谢!见到您我也很高兴”，等等。

（7）周到问候。在问候时，不要只顾熟悉者或较有身份的人，若遇对方是一群人，其中只有个别人熟悉。一般情况下只与熟人打招呼，但目光也应顾及其余人，以表示对陌生人的尊重，这也是对熟人的尊重。

（二）称呼礼仪

称呼是交际语言中的先锋官，在人际交往中，选择正确、适当的称呼，反映着自身的教养、对对方尊敬的程度，甚至还体现着双方关系发展所达到的程度和社会风尚。因此选择称呼要合乎常规，要做到庄重、正式、规范。

想一想，说一说

情景设想——街头问路：假如需要到北京某职业学院参加校园开放日活动，但不知该怎么走，需向右图中人问路。你认为应怎样称呼对方？

1. 不同场景的称呼

（1）对陌生人该如何称呼。

碰到年轻的男性就叫“小伙子”“哥哥”“帅哥”“先生”等，碰到年长的男性叫“大哥”，有白头发的就叫“大伯”，慎用“大爷”；碰到年轻的女性可以称呼“小姑娘”“美女”，碰到年长的女性可以叫“大姐”“阿姨”等。

（2）有关女性的称呼。

在不同的场合，可以有适当的选择。有一个前提就是：称呼者要抱着正确的态度和对别人尊敬的心情来称呼。这样一般不会引起不必要的误会。

（3）对朋友、熟人的称呼。

对任何朋友、熟人可以用人称代词“你”“您”相称。对长辈或平辈可称“您”，对待晚辈，则可称为“你”，以“您”称呼他人，通常是为了表示自己的恭敬之意。对于有身份者，年长者，以“先生”相称。对文艺界、教育界有成就者、有身份者，均可称“老师”；对德高望重的年长者、资深者，可称“×公”或“×老”。

（4）用姓名称呼。

对平辈的朋友、熟人均可用姓名或姓相称；对同性的朋友、熟人，若关系较亲密，一般可直呼姓名，或者只呼其姓，不呼其名，前面加“老”“大”“小”；又或者只呼其名，不呼其姓，通常限于同性之间，上级称呼下级，长辈称呼晚辈之时；在亲友、同学、邻里之间也可使用这种称呼。

（5）亲密性称呼。

对同辈的朋友、熟人可以以姓名相称，但为了表示亲切，对于年长于己者，可在前面加个“老”“大”字，比如“老刘”“大张”，对年幼于己者，可称为“小李”“小杨”，对至交、密友亦可在名字前加个“阿”字，以示亲切。切记不要随便给人起外号。

（6）工作中的称呼。

基本要求就是庄重、正式、规范、得体，一般有：

职务相称，以示职务有别、敬意有加；或者仅称职务：经理、部长、主任等；职务之前加姓氏：周总理、隋处长、马主任等；职务之前加姓名：习近平主席、李克强总理，这仅适用于极其正式的场合。

职称性称呼：对于具有职称者，尤其是具有高级、中级职称者，可在工作中直接以其职称相称。可仅称职称：教授、研究员、律师、工程师等，或者职称之前加姓氏：钱编审、孙研究员等，此等称呼可加以约定俗成的简化，但应以不发生误会、歧义为限。也可以在职称之前加姓名：安文教授、杜锦华主任医师、郭雷主任编辑等，它适用于十分正式的场合。

学衔性称呼：可增加被称呼者的权威性。可以是仅称学衔：博士，学衔之前加姓氏：杨博士，或者学衔之前加姓名：吴迪博士。将学衔具体化说明其所属学科，并在其后加上姓名：管理学博士杨强，此等称呼最为正式。

行业性称呼：在工作中有时可按行业称呼。可以直接以被称呼者的职业作为称呼，例如：老师、教练、律师、警官、会计、医生（大夫）、经纪人等。

2. 称呼的禁忌

（1）使用错误的称呼。常见的错误的称呼有两种：

① 误读：念错被称呼者的姓名。如：华 huà、朴 piáo、解 xiè、仇 qiú、舍 shè、种 zhǒng、应 yīng、查 zhā、盖 gě、任 rén、单 shàn、监 jiàn、区 ōu、繁 pó、干 gān、行 xíng、折 zhé、召 shào、曾 zēng、晁 cháo。

② 误会：对被称呼者的年纪、辈分、婚否以及与其他人的关系做出了错误的判断，如将未婚妇女称为“夫人”。

（2）过时的称呼：法国大革命时期人民彼此之间互称“公民 ”、中国古代的“老爷”“大人”。

（3）不通行的称呼：有些称呼具有地域性。例如北京人爱称人为“师傅”，山东人爱称人为“伙计”，中国人把配偶、孩子经常称为“爱人”“小鬼”。但是，在南方人听来，“师傅”等于“出家人”，“伙计”肯定是“打工仔”。

拓展阅读

对亲属的称呼

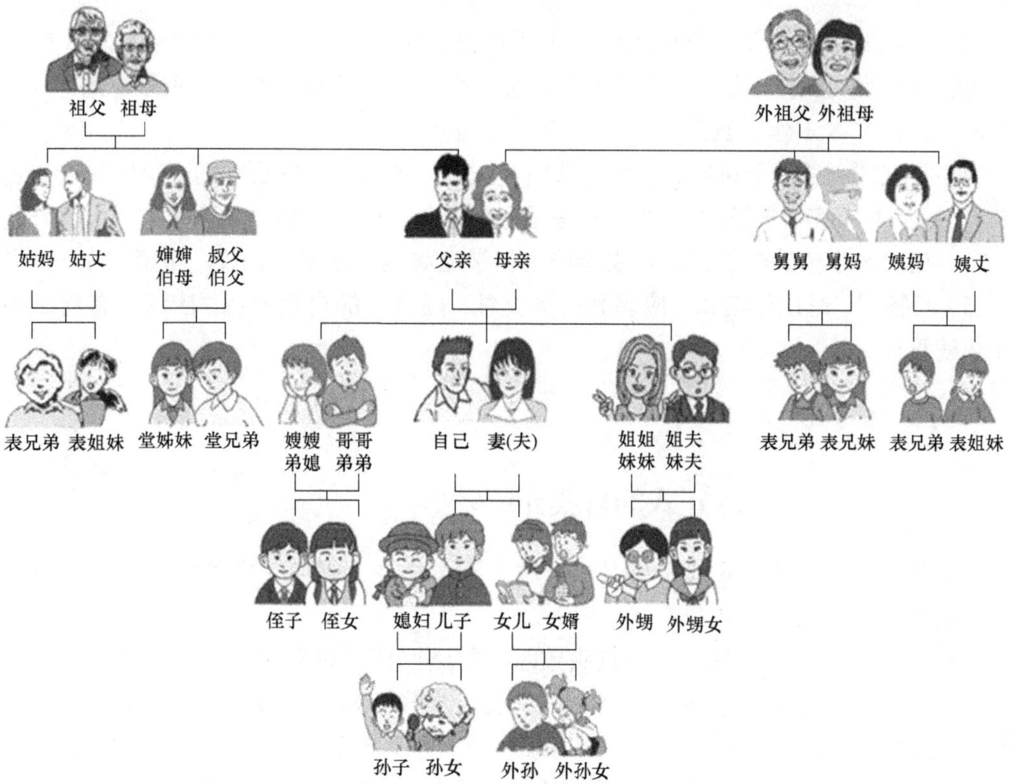

（4）庸俗低级的称呼：哥（姐）们儿、死党、磁器等，它们听起来令人肉麻不堪，而且带有明显的黑社会人员的风格。逢人便称“老板”，也显得不伦不类。

（5）绰号作为称呼：罗锅、肥肥、傻大个、北极熊、拐子等。

（三）介绍礼仪

在交际礼仪中，介绍是一个非常重要的环节，是人际交往中与他人进行沟通、增进了解、建立联系的一种最基本、最常规的方式。通过介绍，可以缩短人们之间的距离，帮助扩大社交的圈子，促使彼此不熟悉的人们更多地沟通和更深入地了解。根据介绍的对象，场合的不同，可分为以下几种：

依社交场合的方式来分：有正式介绍和非正式介绍。

依介绍者的位置来分：有为他人介绍、自我介绍、他人为你介绍。

依被介绍者的人数来分：有集体介绍和个人介绍。

1. 自我介绍

自我介绍的具体形式如下所述。

（1）应酬式：适用于某些公共场合和一般性的社交场合，这种自我介绍最为简洁，往往只包括姓名一项即可。“你好，我叫××”“你好，我是××”。

（2）工作式：适用于工作场合，它包括本人姓名、供职单位及其部门、职务或从事的具体工作等。如“你好，我叫××，是××公司的市场部经理”“我叫××，在××学校读书”。

（3）交流式：适用于社交活动中，希望与交往对象进一步交流与沟通。它大体应包括介绍者的姓名、工作、籍贯、学历、兴趣及与交往对象的某些熟人的关系。如“你好，我叫××，在××工作。我是××的同学，都是××人”。

（4）礼仪式：适用于讲座、报告、演出、庆典、仪式等一些正规而隆重的场合。包括姓名、单位、职务等，同时还应加入一些适当的谦辞、敬辞。如“各位来宾，大家好！我叫××，是××学校的学生。我代表学校全体学生欢迎大家光临我校，希望大家……”。

（5）问答式：适用于应试、应聘和公务交往。问答式的自我介绍，应该是有问必答，问什么就答什么。

案例 4-2

正式的自我介绍

大家好，我叫王薇，是北京信科职业技术大学经济管理学院市场营销专业的教师，欢迎大家来我校参观。

在职场社交活动中，先向对方点头致意，得到回应后再向对方介绍自己的姓名、身份和单位，同时递上事先准备好的名片。一般以半分钟为宜。根据目的确定自我介绍的方式，自我介绍宜简短（应聘除外）。同时要充满自信，落落大方，笑容可掬，态度诚恳，自然、亲切、友好、随和。要敢于正视对方的双眼，胸有成竹。实事求是，富有特色，切忌夸夸其谈。

2. 他人介绍

他人介绍，又称第三者介绍，它是经第三者为彼此不相识的双方引见、介绍的一种介绍方式。在介绍的时候标准姿势是站立，右臂肘关节略屈并前伸，手心向上，五指并拢，手指指向被介绍者。眼睛视被介绍者的对方。要先征求意见，介绍内容，一般介绍：姓名、称呼；正式介绍：姓名、称呼、工作单位、职务、关系、兴趣爱好。

3. 介绍的礼节

想一想：

一位客户到公司谈合作，市场部经理到机场接这位客户并需要安排他和公司的总经理见面，应该先介绍谁呢？

(1) 介绍的顺序。

在工作场合，让客人优先了解情况、尊者有优先知情权，男女平等，不分男女，不分老幼，不看职位高低，而是依据宾主介绍——从主、客角度来介绍，先介绍主人，后介绍客人，给客人优先知情权。如果替别人介绍的前后顺序错了，轻者别人会说你没素质；重者别人会认为你蓄意为之。

社交场合，一般介绍的顺序是先介绍位卑者给位尊者，年轻的给年长的，自己公司的同事给别家公司的同事，低级主管给高级主管，公司同事给客户，非官方人事给官方人士，本国同事给外国同事。

集体介绍，在一些规模较大的社交聚会、大型的公务活动、涉外交往活动、演讲、报告、比赛、会见、会谈等情况下，需要进行集体介绍，这也是他人介绍的一种特殊形式，是被介绍者一方或双方都不止一人。在集体介绍的时候，一般是少数服从多数，要注意强调地位、身份。

(2) 介绍的基本礼仪。

介绍的时候无论被介绍的人或介绍别人的人都站起来是一种礼仪，介绍女方时男方要站起来，介绍男方时女方没必要站起来，坐在椅子上的女性或者年长的妇人坐着被介绍也无妨。但是女性为主人，聚会时即使对方是男性，也应该站起来。同性之间互相介绍时都要站起来，介绍比自己高职位的人时无论男女都要站起来是原则。唯独病人、身体不便者和老年者除外。

同性之间的礼节一般都是握手，异性之间女性行注目礼或面带微笑比较好。年长者用简单的礼仪代替了握手时，年少者要尊重年长者的礼仪。相互介绍时双方都要起立，相互致意，坐着打招呼是与礼仪不符的。

在介绍时要准确地记忆对方的姓名，在交谈中叫出对方的姓名可以增加亲近感，如不清楚对方的姓名时，可悄悄地通过其他人确认，将名片放在方便取用的地方，向对方说 "你好，我是……"，同时恭敬地将名片递给对方，并多准备一些干净整洁的名片。

在接待室等场所，一定要说"请坐"之后再坐下，与初识者交谈时尽可能选择天气、旅游、体育等适合任何人的轻松话题，避免个人的问题、政治、宗教、金钱等话题。

拓展阅读

好的口才需要练

一个会说话的人，可以流利地表达出自己的意图，也能够把道理说得很清楚、很动听，使别人很乐意接受。有时候还可以立刻从问答中测定对方语言的意图，从对方的谈话中得到启示，了解对方，与对方建立良好的友谊。在生活中，口才已成为决定一个人生活及事业优劣成败的一个因素，口才好，说话流利会使人愿意托付重任。口才是一项能力，而能力一定是通过训练修炼而成的，要想拥有好口才，首先要做到以下几点。

（1）培养兴趣，兴趣是最好的老师。当你的焦点在口才训练上时，必然就会关注平时生活、工作中的口才技巧。要确定口才是天下第一才；信念：选准方向、找对方法，定能实现目标。

（2）要做到“四开”与“六开”：也就是要开胆、开口、开悟、开心和打开目光、打开声音、打开手势、打开表情、打开思路、打开心门。

（3）记住五个“一百”，也就是要记住一百句哲理名言；记住一百首诗词歌赋；记住一百个故事情节；记住一百个幽默笑话；记住一百段说话套路。

（4）努力做到“八多”。多看、多听、多问、多写、多记、多思、多学、多练。

（5）选择恰当的方法。口才训练需要掌握一定的方法，以下方法可供选择。

① 速度法：就是快速的朗读，锻炼人口齿伶俐，语音准确，吐字清晰。具体方法是找来一篇演讲词或一篇文辞优美的散文，查清楚不懂的字，然后开始朗读。开始时速度较慢，逐步加快，不要停顿，并且注意每个字，每个音都要清楚、准确，而不是为了快而快。

② 朗诵法：朗读一些文章，既练习口齿清晰伶俐，又积累一些知识和信息，每天在朗读过程中，能够对着镜子训练，训练自己的眼神，训练自己的表情，训练自己的肢体语言，这样效果更好。如果条件允许，建议可以把自己的声音和演讲过程拍摄下来，这样反复观摩与研究，不断提升。

③ 模仿法。找一位口语表达能力强的人，录下他几段精彩的话，不断模仿。可以模仿专人，也可进行专题模仿。模仿是随时随地的，每天听到的广播，看到的电视、电影，可随时跟着播音员、演员进行模仿，久而久之，口语能力就得到了提高。在进行模仿练习的时候，一要注意选择适合自己的对象进行模仿，要选择那些对自己身心有好处的语言、动作进行模仿。

④ 描述法。类似于看图说话，把所看到的景、事、物、人用描述性的语言表达出来。描述法可以说是比以上的几种训练法更进一步，要求自己去组织语言进行描述，要能够抓住特点进行描述。语言要清楚、明白，尽量生动些、活泼些，这样可以训练我们积累优美词语的应用能力。

⑤ 故事法。学习讲故事是练口才的一种好方法。讲故事可以训练人的多种口语能力。训练时要注意分析故事中的人物。故事的情节性十分强，而且主题大都是通过人物的语言、行动表现出来。要掌握故事的语言特点需要反复地边练边讲，同时要注意自己的表情、动作是否与内容一致。

⑥ 练声法。在练发声以前先放松声带，用一些轻缓的气流振动它，发一些轻慢的声音，千万不要张口就大喊大叫，那只能对声带起破坏作用。另外，只有发音准

确无误，清晰、圆润，吐字才能字正腔圆。

其实，提升表达能力，使得自己成为一个有口才的人，需要不断地训练，找对方法、创造机会，希望大家不断地探索，不断地练习，争取更大的进步。

三、仪态举止礼仪

仪态，也叫姿态，指在日常生活中一个人的身体所呈现的姿态与风度，包括举止动作、神态表情等。

“相貌的美高于色泽的美，而秀雅合适的动作美又高于相貌的美。这是美的精华。”

——哲学家培根

在人际交往活动中，仪态也被称为“体态语言”“身体语言”“第二语言”，作为辅助语言表达与传递着丰富的信息，弥补“言不尽意”的遗憾，使语言的表达更富感染力。

（一）仪态美的展示

仪态的美是一种综合的美、完善的美，是仪态礼仪所要求的。这种美应是身体各个器官相互协调的整体表现，同时也包括一个人内在素质与仪表特点的和谐。它不是通过外表的修饰打扮得到的，也不是单纯的动作、表情的模仿可以体现的。它有赖于内在素质的提高、自身修养的加强，有赖于性格、意志的陶冶和能力、学识的充实。仪态的美是长期培养磨炼的结果，商务场合的仪态美应符合庄重、自然、规范的原则。

（二）面部表情

内心情感在面部上的表现，即表情。表情是人际交往中相互沟通的形式之一。美国心理学家艾伯特·梅拉比安把人的感情表达效果总结为一个公式：感情的表达＝语言（7%）＋声音（38%）＋感情（55%），公示中不难看出表情在人际沟通中的作用。表情主要包括眼神与微笑，下面分别进行介绍。

1. 眼神礼仪规范

眼神是面部表情的核心，是心灵的窗口，通过眼睛和眼神完全可以判断他人的第一印象，眼神反映着人的性格和内心动向。

看图分析：

如图 4-1 这位女子的视线有怎样的不同，分别传递了怎样的态度，谈谈你的理解。

图 4-1　视线图

（1）注视的时间。

与他人交谈时，不要不看对方（眼神游离不定），也不要一直死盯着对方，一般情况下，眼睛有 50%的时间注视对方脸部以外的 5～10 cm 处。对东方人也可只保持 1/3 时间注视对方，必须根据所观察到的对象和场合把握好注视的时间。如在社交场合，无意间与别人的目光相遇时不要马上离开，应自然对视 1～2 s 后，然后慢慢离开。与异性的目光对视，不可超过 2 秒，否则将引起对方武断的猜测。

（2）PAC 规律。

P—Parent，指用家长式的、教训人的目光与人交流，视线是从上到下，打量对方，试图找出差错。

A—Adult，指用成人的眼光与人交流，互相之间的关系是平等的，视线平视。

C—Children，一般是小孩的眼光，目光向上，表示请求或撒娇。

作为职场人士，当然都是运用成人的视线与人交流，所以要准确定位（不同对象，不同眼神）。

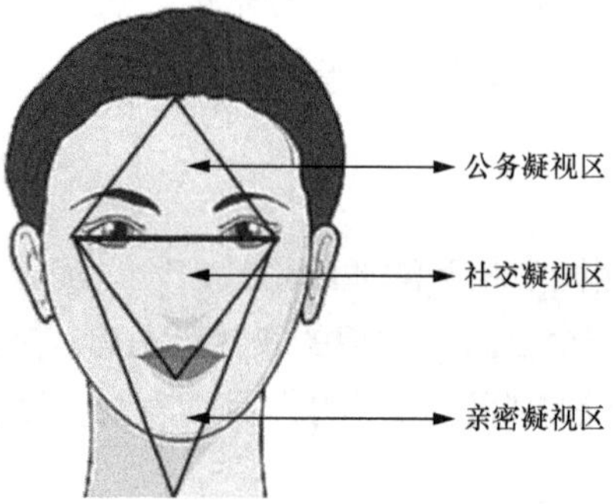

图 4-2　眼睛注视部分分析图

（3）三角规律——眼睛注视的部位。

如图 4-2 所示，用目光注视对方，应自然、稳重、柔和，而且不同的人有不同的凝视区。

a. 公务凝视区：以两眼为底线、额中为顶角形成的三角区。给人一种严肃、认真的感觉，适合在洽谈、磋商、谈判等场合。

b. 社交凝视区：人们在普通的社交场合采用的注视区间是社交注视区。这一区间的范围是以两眼上线和以下额为顶点所连接成的倒三角区域。由于注视这一区域最容易形成平等感，容易造成良好的社交氛围，人们常在茶话会、舞会、酒会、联欢会以及其他一般社交场合这样凝视他人。

c. 亲密凝视区：从双眼到胸部之间。亲人之间、恋人之间、家庭成员之间的注视方式。注视的部位是对方的双眼到胸部。

（4）时间规律。

交流过程中用 60%～70%的时间与对方进行目光交流是最适宜的。少于 60%则说明你对对方的话题、谈话内容不感兴趣；多于 70%则表示你对对方本人的兴趣要多于他所说的话。

（5）尊重差异。

不同国家、不同民族、不同文化习俗对眼神的运用也有差异。例如，在美国，一般情况下，男士是不能盯着女士看的；两个男士之间也不能对视时间过长，除非是得到对方的默许；日本人对话时，目光要落在对方的颈部，四目相对是失礼的；阿拉伯民族认为，不论与谁说话，都应看着对方。大部分国家的人们忌讳直视对方的眼睛，甚至认为这种目光带有挑衅和侮辱的性质。

拓展阅读

不同眼神的含义

在交际场所，眼神是一种深情的、含蓄的、无声的语言。往往可以表达有声语言难以表达的意义和情感：交谈时注视对方，则意味着重视；相互正视片刻表示坦诚；交际时，目光接触是常见的沟通方式，但眼神却会表示不同的含义；走路时直视、旁若无人，则意味着高傲；频频左顾右盼则表示心中有事；对来访者只招呼而不看对方则表示工作忙而不愿意接待；左顾右盼、低眉偷觑表示困窘；瞪眼相视表示敌意；斜着扫一眼表示鄙视；正视、逼视则表示命令；不住地上下打量表示挑衅；白眼表示反感；眼睛眨个不停表示疑问；行注目礼表示尊敬；双目大睁表示吃惊；眯着眼看既可表示高兴也可表示轻视……

2. 微笑礼仪规范

（1）微笑的要领。

微笑是职场交往的“职业名片”，微笑礼仪的要领如下所述。

① 微笑要规范得体。微笑是所有表情中最美的一种，微笑不应该是刻板、僵化、没有生气的静的状态。每个人都会有一个瞬间的微笑是最美的，但是如果将这个瞬间定格，让其保持在整个交往活动过程中，就失去了表情的灵动性，失去了生气。因此微笑应该在与交往对象目光接触的瞬间展现，表达友好，并且在整个交往过程中，微笑的程度应该有所变化，在交往过程中需要保持微笑，但要有收有放。微笑的程度有很多层次，有浅浅一笑，眼中含笑，也有热情的微笑，开朗的微笑。微笑的最佳时间长度以不超过 7 秒钟为宜，微笑时间过长会给人假笑或不礼貌的感觉。当目光与客人接触的瞬间，要目视对方保持微笑。对一般迎接顾客可启动一度微笑，对熟客或在商务活动中可启用二度微笑。但微笑的启动与收拢都必须做到自然，切忌突然用力启动和突然收拢。另外，还要使微笑富于层次的变化，配合目光交流和手势、动作等，使整个交往过程中的微笑表情富于动态的美感，给人留下美好的印象，促使交往成功。

② 展示符合自己特色的微笑。微笑是一种个性化的表情，不应该以技术化、标准化的形式加以规定，对微笑要求表现得整齐划一是不符合礼仪的。每个人要训练自己感人的微笑，不是尝试露出几颗牙，嘴角上提到几度位置，眼睛变化成哪种形状，而是要发现自己最美的每一个瞬间，展现自己独特的气质，自信、勇敢、自然、真诚地去微笑。

③ 流露出自然的微笑。微笑要做到“诚于中而形于外”，亲切自然，符合礼仪规范。

人们在违背自己意志的情况下微笑会显得不自在。因此，微笑的前提是保持情绪的愉悦、平和，表现态度的亲切、友好。在生活中用善良、包容的心对待他人，用敬业奉献的热情对待工作。只有调整好自己的心态才能够表现出表里如一的微笑。

④ 恰到好处的微笑。微笑要适时、适地、适度，微笑是人际交往中最常用的礼仪，但是也应该与周围环境、气氛保持一致。微笑要有度，作为一个有修养的人，即使是内心感情的真实展现也不能没有控制，任其随意表露，而应该根据时间、场合，恰当地展现微笑。

（2）微笑的训练方法。

为了帮助寻找最佳微笑模式，寻找属于自己最佳定型的微笑，需要反复训练才能掌握其感觉，以下方法可供参考：

① 对镜微笑训练法。这是一种常见、有效和最具形象趣味的训练方法。端坐镜前，衣装整洁，以轻松愉快的心情，开始微笑：双唇轻闭，使嘴角微微翘起，面部肌肉舒展开来；同时注意眼神的配合，使之达到眉目舒展的微笑面容。如此反复多次。自我对镜微笑，训练时间随意。

② 含筷法。选用一根洁净、光滑的圆柱形筷子（不宜用一次性的简易木筷，以防划破嘴唇），横放在嘴中，用牙轻轻咬住（含住），以观察微笑状态。如图 4-3 所示。

图 4-3 含筷子训练法

③ 双指法。把双手拇指、食指伸出，其余三指轻轻握拢；用两拇指顶在下巴下面；两食指内侧面放在嘴角处，向斜上方轻轻推动；反复多次，直到满意为止。或者双手拇指、食指伸出，其余三指握拢；将两食指按放在两眉上外端；两拇指放在嘴角处，向斜上方轻缓拉动。反复多次，直到满意后，定格欣赏，再留存记忆中。

④ 记忆提取法。这是演员在训练中常采用的一种方法，也被称为“情绪记忆法”。就是将自己过去那些最愉快、最令人喜悦的情景，从记忆中唤醒，使这种情绪重新袭上心头，重享惬意的微笑。

（三）手势语

手势是人们交往中最常用的体态语之一，在职场交往中，不同的手势语表达不同的意思。

另外使用手势语要注意以下礼仪：

（1）与客人交谈时：手势少而精。

（2）谈到自己的时候：不要用大拇指指自己的鼻头，应用右手按自己的左胸，这样会显得端庄、大方。

（3）谈到别人的时候：不要用手指指点他人。

（4）使用手势时注意不同国家、地区、民族的风俗习惯。

（四）人际距离与沟通

人际距离是人际交往中双方之间的距离及其意义。人际距离是人与人之间在沟通交流的过程中相互之间的距离，人类学家霍尔认为“人际距离”可区分为 4 种，如图 4-4 所示。

（1）亲密距离（0～0.45 m）。

① 密切距离——接近型（0.15 m），是最亲密的距离，彼此能感受到对方的体温、气息，一般是恋人、夫妻、父母同子女之间的距离，这时语言的作用很小。

② 密切距离——较近型（0.15～0.45 m），这是伸手能够触及对方的距离，是关系比较密切的同伴之间的距离，如好友之间的促膝谈心；也是在拥挤的公交车中人与人之间不即不离的距离。

（2）个人距离（0.45～1.2 m），一般是用于朋友之间，此时，人们一般说话温柔，可以感知大量的体语信息。

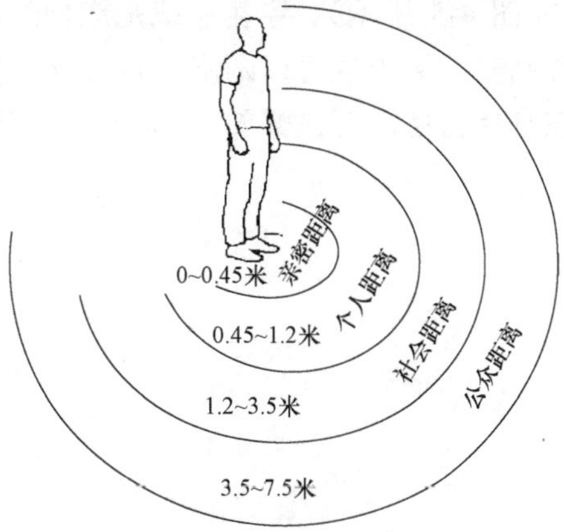

图 4-4 人际沟通距离

（3）社会距离（1.2～3.5 m），用于具有公开关系而不是私人关系的个体之间，如上下级关系、顾客与售货员之间、医生与病人之间等。

（4）公众距离（3.5～7.5 m），用于进行正式交往的个体之间或陌生人之间，这些都有社会的标准或习俗。这时的沟通往往是单向的。

① 公众距离——接近型（3.5～7.5 m）。如果保持 4 m 左右的距离，说明说话人与听话人之间有许多问题或思想待解决与交流。

② 公众距离——远离型（7.5 m 以上）。彼此互不相扰。

（五）常见的行为举止规范

1. 站姿

站姿是人们生活交往中的一种最基本的举止。站姿是人静态的造型动作，规范的站姿能显示个人的自信，衬托出美好的气质和风度，并给他人留下美好的印象。在交际中，站姿是每个人全部仪态的核心。如果站姿不够标准，其他姿势便根本谈不上什么优美。基本的站姿如下：

（1）抬头，头顶平，全身笔直，精神饱满。

（2）两眼正视，面带微笑，两肩平齐，两臂自然下垂，要注意肌肉张弛的协调性，避免僵硬。

（3）两脚跟相靠，脚尖展开 45°～60°，身体重心主要支撑于脚掌、脚弓之上。

（4）以基本站姿为基础，善于适时地变换姿态，追求动态美。男子站立时，双脚可分开，但不能超过肩宽。

（5）身体立直，双手置于身体两侧，双腿自然并拢，脚跟靠紧，也可以将右手搭在左手上，贴在腹部，脚掌分开呈“V”字形。

（6）身体重心应在两腿中间，防止重心偏左或偏右，做到挺胸、收腹、立腰。

（7）商务人员根据场合的不同，在基本站姿的基础上可以变化出前搭手站姿、后搭手站姿和持物站姿等不同姿势。例如女士也可以两脚尖展开，左脚脚跟靠近右脚中部，重心平均置于两脚上，也可置于一只脚上，通过重心的转移可减轻疲劳，双手置于腹前（如图 4-5 所示）。穿礼服或是旗袍时，双脚并列，但应该前后稍稍分开，以一只脚为中心站立；男士也可以两脚平行开立，脚尖展开，挺胸立腰，下颌微收，双目平视，两手在身后相搭，贴在臀部。（如图 4-5 所示）

图 4-5　商务人员站姿

2. 坐姿

案例 4-3

有三位同学同时应聘一家公司做业务员，公司的人事部主管让三位同学一起面试。三位同学进入人事部主任办公室时，主管上前请三位同学入座。当主管回到办公桌前，抬头一看，欲言又止，只见两位同学坐在沙发上，一位架着二郎腿，而且两腿不停地颤抖，另一位身子松懈地斜靠在沙发一角，两手攥握手指咯咯作响，只有一位同学端坐在椅子上等候面试，人事部主管起身非常客气地对两位坐在沙发上的同学说：“对不起，你们二位的面试已经结束了，请退出吧。”两位同学四目相对，不知何故，面试怎么什么都没问，就结束了。你知道其中的原因吗？

坐，作为一种举止，同样有美与丑、优雅与粗俗之分。正确的坐姿要求是“坐如钟”，即坐相要像钟一样端正。坐相既能体现一个人的形态美，又能体现行为美。基本的坐姿礼仪如图 4-6 所示。

（1）入坐要轻缓，不要赶步，走到座位前，转身后，轻稳地坐下。女子入座时，右脚向后撤半步，安稳坐下，若是裙装，应用手将裙摆稍稍拢一下，不要坐下后再站起来整理衣服。

（2）从座位左侧入座，坐下后，头部要端正，面带笑容，双目平视，嘴唇微闭，微收下颌。男士双手掌心垂直向下，自然放在膝上，两膝距离以一拳左右为宜；女子可将右手搭在左手上，轻放在腿面上，并将两脚并排自然摆放。也可以一手轻握一只手腕，置于身前。

（3）双肩平正放松，两臂自然弯曲放在膝上，也可放在椅子或沙发扶手上。立腰、挺胸、上体自然挺直。男士坐时双腿可略分开，女子坐在椅子上，只可坐满椅子的 2/3，脊背挺直。双脚平落地上。可并拢也可交叠。谈话时如需侧转身，上体与腿应同时转动，幅度不可过大，如图 4-6 所示。穿短裙女士面对男士而坐，将皮包、文件放在并拢的大腿上，双手或扶、叠、握在其上。

（4）坐在椅子或沙发上时，不要前俯后仰，更不要将脚放在椅子或沙发扶手上和茶几上。不跷二郎腿，尤其不要跷着二郎腿还上下踮脚晃腿，两手更不要拍打扶手。

图 4-6　商务人员坐姿

（5）从座位右侧离开，离开前从动作、语言向他人表示示意，随后站起身来，起身时右脚应向后收半步而后站起，动作轻缓，避免弄响座椅；离座后先采用基本站姿，站好再走动。

3. 蹲姿

人们对掉在地上的东西，一般是习惯弯腰或蹲下将其捡起，而在职场中对于掉在地上的东西，如果也是采用随意弯腰蹲下捡起的姿势是不合适的。正确的蹲姿应如图 4-7 所示。

（1）下蹲拾物时，应自然、得体、大方，不遮遮掩掩。

（2）女子下蹲时，注意内衣“不可以露，不可以透”。左脚在前，右脚稍后，两腿靠紧，向下蹲。因为女子多穿裙子，所以两腿要靠紧。下蹲时，应使头、胸、膝关节在一个角度上，使蹲姿优美。女士可采用交叉式蹲姿，下蹲时右脚在前，左脚在后，右小腿垂直于地面，全脚着地。左膝由后面伸向右侧，左脚跟抬起，脚掌着地。两腿靠紧，合力支撑身体。臀部向下，上身稍前倾；也可以采用高低式，下蹲时右脚在前，左脚稍后，两腿靠紧向下蹲。右脚全脚着地，小腿基本垂直于地面，左脚脚跟提起，脚掌着地。左膝低于右膝，左膝内侧靠于右小腿内侧，形成右膝高左膝低的姿态，臀部向下，基本上以左腿支撑身体。

（3）男子的蹲姿需要注意的是，下蹲时无论采取哪种蹲姿，都应掌握好身体的重心，避免在客人面前滑倒的尴尬局面出现。

（4）蹲姿一定要大方、美观。男士两腿间可留有适当的缝隙，女士则要两腿并紧，穿旗袍或短裙时需更加留意，以免出现尴尬。若用右手捡东西，可以先走到东西的左边，右脚向后退半步后再蹲下来。脊背保持挺直，臀部一定要蹲下来，避免出现弯腰翘臀的姿势。

图 4-7　商务人员蹲姿

项目任务书

一、分组

将一个班的学生分成6～8个团队，每个团队5～7人。具体步骤如下所述。

（1）教师先通过让学生自荐和推荐的方式选出各队队长，明确队长的职责。（负责本团队所有活动的组织、安排、协调工作，同时自己带头完成分配给自己的项目工作，督促、帮助其他成员完成相应的工作。）

（2）由队长在课堂上自行联系本班同学，组成自己的团队。每个团队中的成员应该男性与女性合理搭配，每个团队最好分别有性格外向的、性格内向的、表达能力强的、计算机能力强的、文字能力强的、组织能力强的学生。

二、分工与安排

（1）首先要全部认真地阅读该次项目任务的所有内容，清楚自己需要完成哪些任务（哪些是需要集体合作共同完成的，哪些是自己独立思考完成的）、如何完成、何时完成，做到心中有数。

（2）组长针对任务内容进行详细分工与安排，并将最终任务安排明细在小组里宣布，做到组内的每个成员都非常清楚。然后组员按照组长的分配开始行动。要保证时间安排合理，在规定的时间内完成各项任务。

注意：需集体共同完成的任务由组长组织协调分工（什么时间谁负责查找资料，如何进行市场调查，什么时候研讨并分析，什么时候模拟练习，什么时候填写分析报告，谁负责制作PPT等），避免争吵，要注意所分配的任务合理，以锻炼组员各种不同的能力，分工要利于高效完成项目任务。

（3）一定要在规定的时间内完成，团队组织到位，分工合理，整个活动过程有序、有效；资料查找完整，在规定时间内将任务产出内容填写完整，清晰明了且表达生动。

（4）组长与组员商讨本组任务分工与安排后，填写任务分工安排表。

注意：在组长的任务书中填写的是完整的任务分工安排表，即整组每个成员的任务安排，个人的任务书中则只需要将自己的任务分工与安排填写清楚即可。

（5）不清楚的地方请及时向指导教师询问。

（6）根据计划填写计划表，如表4-1“任务计划表”。

表4-1 任务计划表

练习编号	任务内容及说明	时间安排	负责及参与人员	备注说明

续表

练习编号	任务内容及说明	时间安排	负责及参与人员	备注说明

填表说明：（其他任务分工安排表同）

练习编号：参见项目任务执行，个人填写所负责对应的编号；

练习内容：将具体的任务内容安排填写清楚，并非简单地将每个任务的标题填写进去，有时候为了完成一个子任务，需要将其进行拆解，形成若干小任务；

时间安排：格式为：××月××日××点—××月××日××点；

负责及参与人员：填写小组成员姓名；

备注说明：为了帮助小组更好地完成任务，其他需要增加的内容。

三、练习内容

练习 1：语言艺术

（一）测试分析

1. 语言表达能力——完成下面关于语言表达能力的测试，然后进行分析，完成表 4-2“成果产出表 1”

语言表达能力测试题：

（1）我在表达自己的情感时，很难选择准确、恰当的词汇。

（2）别人难以准确地理解我的口语和非口语所要表达的意思。

（3）我不善于和我观念不同的人交流感情。

（4）我对连续不断的交谈感到困难。

（5）我无法自如地用口语表达我的情感。

（6）我时常避免表达自己的感受。

（7）在给一位不太熟悉的人打电话时我会感到紧张。

（8）向别人打听事情对我而言一件是困难的事。

（9）我不习惯和别人聊天。

（10）我觉得同陌生人说话有些困难。

（11）同老师或上司谈话时，我感到紧张。

（12）我在演说时思维变得混乱和不连贯。

（13）我无法很好地识别别人的情感。

（14）我不喜欢在大庭广众面前讲话。

（15）我的文字表达能力远比口头表达能力强。

（16）我无法在一位内向的朋友面前轻松自如地谈论自己的情况。

（17）我不善于说服人，尽管有时我觉得很有道理。

（18）我不能自如地用非口语（眼神、手势、表情等）表达感情。

（19）我不善于赞美别人，感到很难把话说得自然亲切。

（20）在与一位迷人的异性交谈时我会感到紧张。

语言表达能力测试结果：

每题均有两个测试结果："是"和"否"。答一个"是"得1分。得分在14分以上表示语言表达能力较弱；9～14（含）分表示一般；5～8（含）分表示较好；5分以下表示语言表达能力非常好。

表4-2 成果产出表1

你的测试结果是什么？	
你对该结构是否满意，为什么？	
如何提高你的语言表达能力？	

2. 人际交往能力测试

马克思把交往比喻为"人们日常生活、日常接触中的必然伴侣"。在生活中，我们几乎每天都要与人打交道，我们的生活离不开与人交往。我们与他人可以因共同做一件事而喜悦，可以一起体味生命中的每一次感动，一起在人生的道路上相互扶持。让我们先来测试一下自己的交往能力，完成表4-3"成果产出表2"。

展示：人际交往能力小测试

A. 是　　B. 不一定　　C. 否

（1）我不喜欢与其他同学一起学习和活动。

（2）我不喜欢说话，有时宁愿用手势，也不用语言。

（3）我不愿和任何人的目光接触。

（4）同学们不喜欢与我一起学习和活动。

（5）同学们不喜欢在我面前讨论各种问题。

（6）父母总是对我管束严厉，动辄训斥。

（7）放学后我不愿意回家而喜欢在外面玩。

（8）我对爸爸妈妈的谈话十分反感。

（9）我对爸妈的斗嘴、吵架感到无所谓。

（10）爸妈从不过问我的任何事。

（11）老师对我特别挑剔，专爱跟我过不去。

（12）老师在课堂上几乎从来没有看过我一眼。

（13）在路上看到老师，我总是设法躲避。

（14）老师家访时经常向爸妈讲我的坏话。

（15）我觉得老师对我太不公平了。

积分规则：选 A 计 1 分，选 B 计 2 分，选 C 计 3 分，将各题得分相加，统计总分。

得分说明：40 分以上，说明你乐于与人交往，人际互动良好。

20～40 分，说明你与人交往意愿与能力不是很突出。

20 分以下，说明你的人际交往意愿与能力偏弱。

表 4-3　成果产出表 2

你的测试结果是什么？	
你对该结构是否满意，为什么？	
如何提高自己的人际交往能力？	

（二）言谈训练

1. 进行自我介绍

基本要求：时间 1 分 30 秒以内（300 字左右），要求脱稿、熟练、流利和自然；普通话标准、音量适中；动作大方、表情丰富；与观众互动，有掌声有笑声；内容生动、形式活泼；介绍流程：称谓→问候→名字→班级→籍贯→个性→座右铭→爱好→其他→特色→祝福→致谢。

注意：讲述时要大方自然、真诚坦率、从容不迫、理直气壮、声音洪亮；表达时不允许有任何无意义的小动作。若内心恐慌，尽力保持镇静，模仿记忆中的英雄形象，尽量去设想面对的是无人之境，以增强自己的信心。所有同学对演讲者进行讲评，指出他在讲话过程中的形态、表情等方面的问题，评论他紧张与怯场的程度。评论要严格、挑剔。重点是看其是否有明显的外部毛病，是否有明显的语病（有口头语、重复语等）。完成表 4-4“成果产出表 3”。

表 4-4 成果产出表 3 自我介绍

2. 任意选择一个主题展开讨论

大学生就业目标

如何处理好人际关系

如何理解互联网 +

梦想怎样才能照进现实

要求：以小组为单位，其中三个人围绕主题展开讨论，另外的人员在旁边观察，讨论时间为 10 分钟，然后由观察人员分别独立写出他们谈论的具体内容。然后比较不同观察员记录的异同之处，并借此分析口头语言的优劣，加强对交谈技巧的认识。操作时注意经常使用谦辞敬语；准确使用礼貌语；音准、音量、语速恰当；顺利、亲和地表达适宜的交谈内容；表情自然；仪态端庄、姿势端正。完成表 4-5“成果产出表 4”。

表 4-5 成果产出表 4

1. 角色确定（在你对应的角色后面的“□”中画 √） 讨论人员 □　　　　观察人员 □
2. 观察人员记录谈论内容（讨论人员跳过此题）
3. 观察人员之间的记录出现怎样的偏差？为什么？（小组讨论后完成）

续表

4. 如何提高自己的言谈能力，保证信息准确的传递。（小组讨论后完成）

（三）情景设计与分析

假设有两位老师来你家做客，请填写以下内容，完成表 4-6“成果产出表 5”：

表 4-6　成果产出表 5

1. 你要用他人介绍的方式介绍你的家人和一位老师，先后顺序是什么？
2. 介绍的语言怎样表达？
3. 介绍时你的姿态如何？你的家人和你的朋友被介绍后应说些什么？

（四）趣味拓展，完成表 4-7“成果产出表 6”

表 4-7　成果产出表 6

1. 学校组织毕业典礼，邀请校领导出席，请依次列出学校领导的出席排列顺序。

续表

2. 问候短信的创作： （1）内容：根据交往礼仪的内容，选择以父母长辈、老师同学、亲戚朋友等至少三个不同的问候对象，进行优秀问候短信创作。 （2）作品要求：每条问候短信不超过 50 个汉字（含标点符号），语言生动、文字精炼、富有创意，体现传统美德和礼仪知识，朗朗上口，并由本人原创。

练习 2：场景脚本拟定

1. 各组派出一名代表到指导教师处抽签。从以下给出的工作场景中抽取任意一个工作场景，模拟自己在生活中观察到的不同职业的工作场景，以《××工作场景与仪态展示》为题撰写脚本，将正确的工作仪态融入其中，包括坐姿、走姿、站姿、蹲姿、手势（握手、引导等）……前三个姿态所有场景必须包括，其余工作姿态根据场景需要加减。完成表 4-8“成果产出表 7”。

表 4-8　成果产出表 7：工作场景

行业选择	餐厅	银行	鞋店	引导	超市	手机（电脑）店
本组展示						

注：在本组展示的场景中打“√”

2. 场景脚本是为工作姿态展示做好充分准备的。要求全体成员均参与情景模拟中，缺少一个成员扣 1 分。每组情景展示控制在 5～7 分钟，超时停止并扣分，不到时间扣 5 分。

3. 根据《××工作场景与仪态展示》脚本，完成表 4-9“成果产出表 8”。

表 4-9　成果产出表 8　《××工作场景与仪态展示》脚本

练习 3：仪态展示

1. 各组派一名代表到指导教师处抽签进行情景展示，根据抽签序号依次展示；
2. 各组展示时间在 5～7 分钟；
3. 各组展示后接受评委点评及答疑，点评控制在 3 分钟内。

四、成果评价标准与得分

（一）评分标准

本次“仪态展示”项目任务分为两个子任务，每个任务的完成都有相应的分值，具体评价标准为：

1. 本次项目任务为课程任务中其中一个任务，成绩按百分制计算，最后与其他任务一起占总成绩的 70%；该任务占任务比值 10%；

2. 任务分工表填写符合要求，具有可操作性，记录详细清晰；

3. 子任务二脚本策划描述清晰、可操作性强、生动形象；

4. 仪态展示时间符合要求，姿态展示正确、表演自然、切合实际。全员参与，评分表如表 4-10 所示。

表 4-10 仪态展示评分表

本人承诺此次任务评分本着公平公正的原则，绝不偏私。承诺人：______________

项目 / 小组	脚本评价		仪态展示					时间控制	合计
	表达清晰 15 分	可操作性 15 分	全员参与 4 分	坐姿展示 8 分	走姿展示 8 分	站姿展示 8 分	其他工作姿态 7 分	+/- 5 分	

（二）分值分配

填写表 4-11，计算总分。

表 4-11 分值分配表

评分项	具体任务内容	分值	实际得分
任务分工表		5	
练习 1	言谈举止	30	
练习 2	仪态举止情景模拟脚本撰写	30	
练习 3	工作姿态现场展示	35	
加减分			
合　计			
本次项目任务得分×10%			

项目5 职业礼仪训练

Project five

学习目标

（1）理解职业礼仪的实质、特征、原则及其作用，明确职业礼仪的含义及其原则；

（2）能够区分中、西方餐具的不同及其正确的使用方法，掌握中、西方进餐礼仪的基本知识；

（3）明确轿车乘坐姿势及座次礼仪，能够运用正确的礼仪知识规范个人行为；

（4）掌握握手礼仪的基本知识，根据不同的场景进行正确的握手礼；

（5）了解接待与拜访礼仪，能够根据不同的情况、场合，正确进行接待与拜访；

（6）培养与提高团队协作能力，提升职业社交的能力。

知识铺垫

导入案例

大家都很奇怪为何一个没有任何推荐信的小伙子被一家大型公司录取了，公司经理说：“他神态清爽，服饰整洁，看到残疾人就主动让座，在门口进来之前蹭掉了脚下带来的土，进门后就随手轻轻关上门，进了办公室，其他人都从放在地板上的书上迈过去，他却自然地捡起来放在座上。他回答问题简洁明了，干脆果断，表达清晰，这些就是最好的推荐信。”

思考

这位小伙子的推荐信是什么？给你带来怎样的启示？

____

____

____

____

礼仪是在人际交往中，以一定的、约定俗成的程序与方式来表现的律己敬人的过程，可以说是一个人内在修养和素质的外在表现，能够自觉主动地遵守礼仪规范，按照礼仪规范约束自己，就容易使人际间感情得以良好沟通，建立起相互尊重、彼此信任、友好合作的关系，进而有利于各种事业的发展。因此，从某种意义上讲职业礼仪，比智慧和学识更重要。

一、礼仪的基本含义

想一想，说一说，演一演

（场景一）当你想向同学借东西时，你该怎么说，怎样做呢？

（场景二）如果在食堂里有位同学不小心把菜汤洒在你身上了，你该怎么办？

（场景三）当家里来了客人，你会怎样招待他？

观看表演的学生逐一评价表演者的语言，找出优点，挑出毛病，谈谈感受。

（一）职业礼仪及原则

职业礼仪是在职场交往中，以一定的、约定俗成的程序与方式来表现的律己敬人的过程，是职场中人个人修养的集中表现。

学会职业礼仪规范，将使一个人的职业形象大大提高。注意，职业礼仪往往没有性别之分。职业礼仪有自身的规律性，内容丰富多样，基本原则如下。

1. 自信自律原则

自信、自律是社交场合中很重要的心理素质，在职场交往的过程中还需要懂得自我认识、表里如一、克己慎重。

2. 尊重真诚原则

在职场交往中需要懂得真诚待人、尊重他人，这是最基本的原则，真诚和尊重是相辅相成的，只有真诚尊重才能创造和谐愉快的人际关系。

3. 平等适度的原则

礼仪行为总是表现为双方的，因而建立情感的基础就是平等，交往中应注意把握分寸，适度得体。

4. 宽容信用的原则

做个有度量、讲信用的人在职场中是很重要的品质，也是职业礼仪的原则之一。

（二）重视职业礼仪

1. 职业礼仪的概念

职业礼仪是企业形象、文化、员工修养素质的综合体现。我们只有做好应有的礼仪才能为企业在形象塑造、文化表达上提升到一个满意的地位，才能促进事业发展。

2. 职业礼仪的作用

职业礼仪有利于化解各方冲突，促进友好合作。所谓：“人无礼则不立，事无礼则不成”，拥有丰富的礼仪知识，且都能够自觉主动地遵守礼仪规范，按照礼仪规范约束自己，就容易使人际间的感情得以沟通，建立起相互尊重、彼此信任、友好合作的关系，进而有利于各种事业的发展。

3. 职业礼仪的意义

职业礼仪能够创造一个和谐友好的职场氛围。职业礼仪要区分不同的人及不同的事情，跟同事之间礼貌及对领导的态度，还有与客户相处时保持好的礼仪，这些做得越好，就说明在工作中做得越出色，职业礼仪越全面就越能创造出一个和谐友好的职场氛围，自然使得你的工作越顺利。

二、餐饮礼仪

学习职业礼仪，不得不重视餐饮礼仪。餐饮作为一种交际媒介，在迎宾送客，聚朋会友，彼此沟通，传递友情等方面发挥了独到的作用，下面我们就着重来学习职场餐饮礼仪。

案例 5-1

一个人走进饭店要了酒菜，吃罢摸摸口袋发现忘了带钱，便对店老板说：“店家，今日忘了带钱，改日送来。”店老板连说：“不碍事，不碍事。”并恭敬地把他送出了门。这个过程被一个无赖看到了，他也进饭店要了酒菜，吃完后摸了一下口袋，对店老板说：“店家，今日忘了带钱，改日送来。”谁知店老板脸色一变，一把揪住他，非让他掏钱可。无赖不服，说：“为什么刚才那人可以赊账，我就不行？”店家说：“人家吃菜，筷子在桌子上找齐，喝酒一盅盅地品，斯斯文文，吃罢掏出手绢抹嘴，是个有德行的人，岂能赖我几个钱。你呢？筷子往胸前找齐，狼吞虎咽，吃上瘾来，脚踏上条凳，端起酒壶直往嘴里灌，吃罢用袖子抹嘴，分明是个居无定室、食无定餐的无赖之徒，我岂能饶你！”一席话说得无赖哑口无言。

【启示】你从故事中是不是可以得到以下启示。

启示之一：动作姿势是一个人文化修养的外在体现。一个品德端庄、富有涵养的人，其姿势必然优雅。一个趣味低级、缺乏修养的人，一定做不出高雅的姿势。

启示之二：在人际交往中，我们必须留意自己的形象，讲究动作与姿势。因为我们的动作、姿势是别人了解我们的一面镜子。

启示之三：在人际交往中，我们可以通过别人的动作、姿势来衡量、了解和理解别人。

启示之四：在用餐过程中你在品味着美食，不要忘了别人同时也在品味着你。

（一）座次礼仪

随着职业礼仪越来越被重视，商务饭桌上的礼仪也更加讲究。商务宴请之前，首先需要排定桌次与座次。

总体原则：“以右为尊、以中央为上座、以内侧为上座、以近为高远为低、面朝大门为尊。”

圆桌：正对大门的为首席，以离首席的距离来看，越靠近首席位置越尊、相同距离则右侧尊于左侧。

八仙桌：如果有正对大门的座位，则正对大门一侧的右位为首席，如果不正对大门，则面东的一侧右位为首席。

大宴：桌与桌间的排列讲究首席居前、居中，右边依次 2、4、6 席，左边 3、5、7 席，根据主客身份、地位、亲疏分座。

如果你是主人，你应该提前到达，然后在靠门位置等待，并为来宾引座。如果你是被邀请者，那么就应该听从东道主的安排入座。一般来说，如果你的老板出席的话，你应该将老板引至主座，请客户最高级别的人坐在主座左侧位置。

课堂讨论：以下情形该如何安排座次？

- 圆桌座次安排（同性主人）
- 圆桌宴请（异性双主人）
- 座次安排（单主人宴请）
- 圆桌座次安排（夫人陪同）
- 方桌座次安排（男女主人）

（二）餐前礼仪

1. 入席礼仪

时间：宴请别人应早到，赴宴应提前一二分钟或正点到达，或者推迟一二分钟到达是最为适宜的。

位置：将请柬上注明的桌次号码牢记在心，找到自己入座的桌次后，便要注意桌子的席位卡是否写着自己的名字，不可随意乱坐。在饭店用餐，应由服务生引领入座。

坐序：主人、主宾入座后方可入座，若在场有长者或女士（近邻），则应先帮助他们入座后方可入座；从左侧入座右侧离座。

坐姿：坐姿要端正，与餐桌的距离保持得

宜；入座后不要动筷子，更不要弄出响声，也不要起身走动。入座后，坐姿要端正，但也不必僵硬得像个木头人，并且注意与餐桌保持适当的距离。切不可用手托腮或将双臂同时放在桌上，也不要随意翻动菜单，摆弄餐具或餐巾，这些举动都会给人以迫不及待的坏印象。解决一双空手的最好办法就是将其放在自己的大腿上。至于双脚，尽管别人看不见，但同样也应该守规矩，要平放在自己的座位下，把脚搁在椅档上或伸出去踢着别人都会使人尴尬。

另外，外出用餐时，免不了会随身携带背包，这时应将背包放在背部与椅背之间，而不是随意放在餐桌上或地上。

其实，对参加宴请活动人员的礼仪要求最复杂、最严格的还是席间的用餐过程。从使用不同的餐具到餐桌上的举止都有一套已成习俗的礼仪规范。

2. 餐具的使用

（1）中餐餐具及其使用。

筷子：不要用筷子夹取食物之外的东西。与人交谈时，要暂时放下筷子，不能一边说话，一边像指挥棒似地挥舞筷子。无论筷子上是否残留食物，千万不要去舔，试想用舔过的筷子去夹菜，是否有点倒人胃口？不要把筷子竖插在食物的上面，因为在中国习俗中，只在祭奠死者的时候才用这种插法。

勺子：尽量不要单独使用勺子去取菜。勺子取食物时，不要舀取过满，以免溢出弄脏餐桌或衣服。在舀取食物后，可在原处暂停片刻，等汤汁不会再往下流后再移过来享用。用餐期间，暂时不用勺子时，应把勺子放在自己身前的碟子上，不要把勺子直接放在餐桌上，或者让勺子在食物中“立正”。用勺子取完食物后，要立即食用或是把食物放在自己碟子里，不要再把食物倒回原处。若是取用的食物太烫，则不可用勺子舀来舀去，也不要用嘴对着勺子吹，应把食物先放到自己碗里等凉了再吃。还要注意不要把勺子塞到嘴里，或是反复舔食吮吸。

碗：中餐的碗可以用来盛饭、盛汤，进餐时，可以手捧饭碗就餐。拿碗时，用左手的四个手指支撑碗的底部，拇指放在碗端。吃饭时，饭碗的高度大致和下巴保持一致。

盘子：一般要求盘子在餐桌上保持原位，且不要堆在一起。需要重点介绍的是一种用途比较特殊的盘子——食碟。食碟在中餐里的主要作用是用于暂放从公用的菜盘中取来享用的菜肴。使用食碟时，一般不要取放过多的菜肴在食碟里，那样看起来既繁乱不堪，又十分不雅。食物残渣、骨头、鱼刺不要吐在饭桌上，而应轻轻取放在食碟的前端，取放时不要直接从嘴吐到食碟上，而要使用筷子夹放到碟子前端。如果食碟放满了，可示意让服务员换食碟。

汤盅：汤盅用来盛放汤类食物。用餐时，使用汤盅需注意的是，将汤勺取出放在垫盘上并把盅盖反转平放在汤盅上就表示汤已经喝完。

水杯：中餐的水杯主要用于盛放清水、果汁、汽水等软饮料。注意不要用水杯来盛酒，也不要倒扣水杯。另外需注意，喝进嘴里的饮料不能再吐回水杯里，这样是十分不雅的。

牙签：牙签是中餐餐桌上的必备之物。它有两个作用，一是用于扎取食物；二是用于剔牙。但是用餐时尽量不要当众剔牙，非剔不可时，要用另一只手掩住口部，剔出来的食物不要当众“观赏”或再次入口，更不要随手乱弹、随口乱吐。剔牙后，不要叼着牙签，更不要用其来扎取食物。

餐巾：用餐前，一般会为每位用餐者提供一块湿毛巾。这块湿毛巾的作用是擦手，擦手后，应该把它放回盘子里，由服务员拿走。而用餐结束前，服务员会再提供一块湿毛巾，和前者不同的是，这块湿毛巾是用于擦嘴的，不能用其擦脸或抹汗。

（2）西餐餐具及其使用。

西餐的餐具有餐刀、餐叉、餐匙、餐盘、餐碟、酒杯等，一般讲究吃不同的菜要用不同的刀叉，饮不同的酒也要有不同的酒杯。其摆法为：正中放着主菜盘，左手放餐叉，右手放餐刀，主菜盘上方放着餐匙，右上方放着酒杯。餐巾放在盘上或插在水杯里，也有放在餐盘的左边的。面包盘、奶油盘放在左上方。

餐刀：宴席上最正确的拿餐刀姿势是右手拿餐刀，手握住刀柄，拇指按着柄侧，食指则压在柄背上。不要把食指伸到刀背上，除用大力才能切断的菜肴，或者刀太钝之外，食指都不能伸到刀背上。另外，不要伸直小指拿刀，有的女性以为这种姿势才优雅，其实这是错误的。餐刀是用来切割食物的，不要用餐刀挑起食物往嘴里送。如果用餐时，有三种不同规格的餐刀同时出现，一般正确的用法是：带小小锯齿的那一把用来切肉制食品；中等大小的用来将大片的蔬菜切成小片；而那种小巧的、刀尖是圆头的、项部有些上翘的小刀，则用来切开小面包，然后用它挑些果酱、奶油涂在面包上面。切割食物时双肘下沉，前臂应略靠桌沿，否则会令对方觉得你的吃相十分可怕，而且正在切割的食物没准也会飞出去。

图 5-1　西餐的餐具

餐叉：餐叉的拿法有背侧朝上和内侧朝上两种，要视情况而定。背侧朝上的拿法和拿餐刀一样，以食指压住柄背，其余四指握柄，食指尖端大致在柄的根部，若太靠前方，则外观不好看，若太往后，则又不太能使劲，硬的食物就不容易叉进去。餐叉内侧朝上时，则如铅笔拿法，以拇指、食指按柄上，其余三指支撑柄下方。拇指和食指要按在柄的中央位置，如果太靠前，则会显得笨手笨脚。左手拿餐叉，叉齿朝下，叉起食物往嘴里送，如果吃面条类软质食品或豌豆，则叉齿可朝上。动作要轻，捡起适量食物一次性放入口中，不要拖拖拉拉一大块，咬一口再放下，这样很不雅。餐叉捡起食物入嘴时，牙齿只碰到食物，不要咬叉，也不要让刀、叉在齿上或盘中发出声响。吃体积较大的蔬菜时，可用刀、叉来折叠、分切。较软的食物可放在餐叉平面上，用餐刀整理一下。使用刀叉要注意不要动作过大，影响他人；切割食物时，不要弄出声响；切下的食物要刚好一口吃下，不要叉起来一口一口咬着吃；不要挥动刀叉讲话，也不要用刀叉指人；掉落到地上的刀叉不可捡起再用，应请服务员换一副。

餐匙：在正式场合下，餐匙有多种，小的是用于喝咖啡和吃甜点的；扁平的用于涂黄油和分食蛋糕；比较大的，用来喝汤或盛碎小食物；最大的是公匙，用于分食汤，常见于自助餐。汤匙和点心匙除用于喝汤、吃甜品外，绝不能直接舀取其他主食和菜品。进餐时不可将整个餐匙全部放入口中，应以其前端入口。餐匙使用后，不要再放回原处，也不要将其插入菜肴或“直立”于餐具中。

3. 用餐礼仪

（1）中餐进餐礼仪。

课堂讨论

平时我们用餐的时候有没有出现或看到不文明的用餐行为，请举例分析。

在职场中，中餐用餐一定要明确此次进餐的主要任务。开席后请客人、长者先动筷子。筵席中暂时停餐时，可以把筷子直接搁在碟子或者调羹上。如果将筷子横搁在碟子上，那就表示酒足饭饱不再进膳了。夹菜时每次少一些，离自己远的菜就少吃一些。吃饭时不要出声音；喝汤时不要出声响，用餐匙一小口一小口地喝，不宜把碗端到嘴边喝，汤太热时不要一边吹一边喝，应等凉了以后再喝。有的人吃饭喜欢使劲咀嚼脆的食物，发出很清晰的声音，这种做法是不合礼仪要求的，特别是和众人一起进餐时，就要尽量防止出现这种现象。进餐时不要打嗝，也不要出现其他声音。如果出现打喷嚏、肠鸣等不由自主的声响时，就要说“真不好意思”“对不起”“请原谅”之类的话，以示歉意。

如果要给客人或长辈布菜，最好用公筷，也可以把离客人或长辈远的菜肴送到他们面前。按我们中华民族的习惯，菜是一个一个往上端的，如果同桌有领导、老人、客人时，应每上来一个新菜时请他们先动筷子，或者轮流请他们先动筷子，以表示对他们的重视。

吃到鱼头、鱼刺、骨头等物时，不要往外面吐，也不要往地上扔，要慢慢用手拿到自己的碟子里，或者放在紧靠自己餐桌边的食碟上，或放在事先准备好的纸上。

要适时地抽空和左右的人聊几句话，以调和气氛。不要光低头吃饭，不管别人。也不要狼吞虎咽地大吃一顿，更不要贪杯。最好不要在餐桌上剔牙，如果要剔牙时，就要用餐巾或手挡住自己的嘴巴。

（2）西餐进餐礼仪。

西餐用餐时，肘臂不可张开也不可放置桌上，以免妨碍他人进餐。口布用于擦口与手指，不是手帕，不可用于擦脸及头发。用餐前应先将餐巾布打开置放于大腿上，以承挡可能掉落的食物，切忌围在脖子、塞在领口或皮带内。西餐餐具使用顺序应由外而内，每种餐具只使用一次，取食面包，应用左手持面包，右手撕下小块入口，切忌用牙撕咬。需要涂抹奶油或果酱时，要把面包放在碟子上，以奶油刀涂抹后，再用右手撕食。汤匙用完不要留在汤杯、汤碗或汤盘中，应放在盘子上或托碟上。食用色拉应用小叉，食用面条时，可用叉子卷食，切不可一部分入口，一部分吸食。

当需要临时走开的时候，你的刀叉需要放成如图 5-2 第一幅所示的那个样子，服务员才不会以为你用餐结束了而把你的餐具和未吃完的东西收掉；对于刚吃完一份东西后，继续点完餐在等的时候，可以把刀叉十字放置，服务员看到后就知道你在等下一份餐点，而不会来找你点餐了；吃完的时候，可以刀叉平行放置，服务员看到后，也会快速来收拾好你的桌面的餐点和用具，方便你继续使用桌子；吃完东西后，觉得还不错的话，可以横着平行放置刀叉。这样的褒奖对于服务员来说也是比较开心的，可以通过这个方式来表达你的满意。放置时应将刀叉重叠，这样方便服务生收拾时不至于刀叉碰撞而发出声响，或者刀叉掉落发生意外。当然，很多人吃完后，会觉得很不喜欢，或者有很不好的体验，又不愿意太过明显地抱怨，那么就可以选择交叉放置刀叉，这会让餐馆明白你的不满和抱怨。

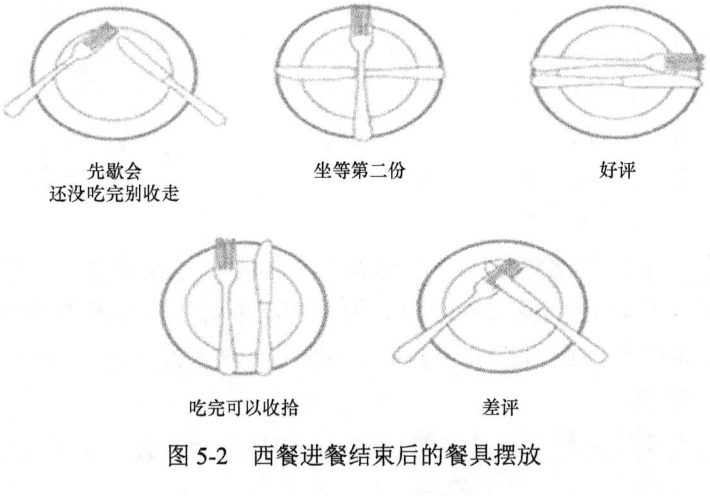

图 5-2　西餐进餐结束后的餐具摆放

案例 5-2

一次，王明与周经理因与某公司洽谈单位购车事项，要宴请某公司财务处刘主任和后勤部宋主任。王明得到经理的授意，打算认真招待好公司的两位领导。席间，王明非常热情，一定要和两个领导喝个一醉方休。其中刘主任酒精过敏，一再表示不能再喝了，周经理认为刘主任是谦虚，就说："我们在一起吃饭，已是朋友，俗话说，感情深，一口闷；感情浅，舔一舔……"最后，刘主任被送进医院。

思考

1. 周经理与王明错在哪里？
2. 在用餐饮酒方面我们应持有怎样的态度？

4. 饮的礼仪

（1）饮酒礼仪。

• 不乱敬酒，注意敬酒顺序：作客绝不能喧宾夺主乱敬酒，那样很不礼貌，也很不尊重主人；可以多人敬一人，决不可一人敬多人；重要客人相互喝完才轮到自己敬；如果没有特殊人物在场，碰酒最好按时针顺序，不要厚此薄彼。

• 敬酒礼仪：自己敬别人时，说一句"我喝完，你随意"方显大肚，切不可比对方喝得少；多给上司添酒，不要瞎给上司代酒；端起酒杯右手扼杯，左手垫杯底，自己的杯子略低于别人；上司跟你喝酒时，不管要你喝多少，都应该先干为敬；最后一般都有一个闷杯酒，喝之前不要让自己的酒杯空着；注意酒后不要失言，不要失态；自己杯中的酒不够添加后，酒瓶宜放在桌子中间，让别人自己添酒，不要去一个一个倒酒；碰杯、敬酒时，要有说词。

（2）饮茶礼仪。

• 沏茶。不可直接"下手"抓茶叶，而要用勺子取，或者直接将茶叶倒进茶壶或茶杯。加水时，只加到七分满，倒太满则容易滴洒，而且也有"欺人"之嫌。

• 饮茶。茶沏好后会很烫，应等其稍凉后再饮。饮用时，如果茶面上浮起少许茶叶，可用杯盖将其轻轻拂去再喝。如果不小心将茶叶吸进嘴里，可用餐巾纸接住置于小盘里。

• 品茶。品茶讲究小口品饮，一苦二甘三回味。大口吞咽茶水，或者喝出声响，都是不礼貌的。另外，在和别人说话的时候，最好不要喝茶，即使喝也应小口品尝。

（3）咖啡礼仪。

饮用咖啡的器具包括托盘、咖啡杯、小匙等。

• 盛咖啡。应先将咖啡杯置于托盘上，然后再盛。盛入后，可根据自己的习惯、爱好决定是否加糖和牛奶，再用小匙轻轻搅拌均匀，然后将小匙取出置于托盘上。

• 喝咖啡。切忌一饮而尽。饮用时须用左手端起托盘至齐胸的高度，然后右手持盘中杯耳，将杯端离托盘慢慢品饮。喝完咖啡后，将杯子置于托盘中，再将托盘放在桌上。

三、电话礼仪

想一想

生活中，你有没有遇到这些困扰？

夜深人静，突然被一阵电话铃声惊醒……

好不容易盼来了休假，却被一个个电话搅得兴致全无……

正在召开一个重要会议，电话铃声却此起彼伏……

新春佳节，手机拜年短信令人应接不暇，却不知是谁发送的……

在职场中，电话是最为常见的通信工具，可以通过电话交流大致判断一个人的性格与人品，掌握正确的、礼貌的打电话方法是非常必要的。电话礼仪也是职业礼仪中重要的组成部分。

（一）拨打电话礼仪

拨打电话时，应注意以下几点。

1. 选择好时间

一般要避开对方休息的时间，如果迫不得已，则就说抱歉，如果遇到需要跟国外人员沟通，则还需要注意时差的问题。

2. 注意空间要求

一般而言，办公电话在办公室打，私人电话在家中打。在图书馆、电影院、音乐厅等公众场合，若无紧急情况不要拨打电话。拨打电话时，应考虑对方的接听环境。讨论机密或敏感问题，应选择具有保密性强且安静的地方。

3. 注意控制好响铃

当电话接通后一般情况下响铃时长4～6声即可，响铃多了会让人厌烦。

4. 注意控制好时间

打电话前，首先想好要讲的内容，以便节约通话时间，通常一次通话不应长于3分钟，即所谓的“3 分钟原则”。

5. 注意礼貌并保持好的心情

电话接通后要自我介绍，保持良好的心情，声音清晰悦耳，给对方留下好的印象。

6. 注意记录

无论是拨打电话还是接电话，认真记录是非常重要的，电话记录既要简洁又要完备，可以使用“5W1H”法，也就是：①When（何时）；②Who（何人）；③Where（何地）；④What（何事）；⑤Why（为什么）；⑥How（如何进行）。

（二）接听电话礼仪

课堂讨论

有一天，办公室的龙经理收到一留言条，上面是这样写的：龙经理，刚才一位姓陈的先生来电，让你晚上 8:30 在和平桥那里等他。

试分析，如上留言有哪些不妥当的地方？

____

____

____

____

接听电话不可太随便，要讲究必要的礼仪和一定的技巧。

1. 及时接听

一般而言，电话铃响 3 声之前就应接听，响 6 声后就应道歉，尽快接听电话会给对方留下好印象，让对方觉得自己被看重。

2. 了解来电目的

职场中的来电一般都是与工作有关，因而每个电话都十分重要，不可敷衍，若对方要找的人不在，一定要注意留下准确的信息，以便告知该人；若对方没有介绍自己或没有听清楚，则应主动询问确认。接电话时也要尽可能问清事由，避免误事。

3. 禁用命令语句

有的人一接电话就马上说“讲”或“说”等各种命令式语句，这种硬邦邦的电话接听方式显得过于粗鲁无礼，很不礼貌。应该让对方把话讲完，无论他说得对或不对，这是基本的尊重。讲话后询问对方意见，不要问“你听清楚了吗？”，而要说“我讲明白了吗？”。

4. 提前准备，认真记录

在接听电话前，要准备好记录工具，如笔和纸、手机、电脑等，可以左手接电话，以方便右手记录。

5. 礼貌挂电话

需要结束电话沟通的时候，一般情况下应该由打电话的一方提出，然后彼此客气地道别，说一声“再见”，再挂电话，不可只顾自己讲完就挂断电话。

无论是打电话还是接电话，都不能叼着香烟、嚼着口香糖；我们都应做到语调热情、大方自然、声量适中、表达清楚、简明扼要、文明礼貌。

四、乘车礼仪

（一）上下车姿态

上下车看似简单，其实大有学问，对于女士而言，则尤显重要。女士上下轿车时，应采用背入式和正出式，即打开车门上车时，背对车内臀部先坐下，同时上身及头部入内，然后再将并拢的双腿送进车内。穿长裙时，应在关车门前先将裙子理好。女士进轿车礼仪规范如图 5-3 所示。

图 5-3　女士进轿车礼仪规范

准备下车时，应将身体尽量移近车门，车门打开后，先将双腿踏出车外，然后将身体重心移至双脚，头部先出，再把整个身体移至车外。这样可以有效避免“走光”，也会显得姿态优雅。穿低胸服装时，不妨加披一条围巾，以免弯身下车时出现难为情的局面，也可利用钱包或手袋轻按胸前，并保持身体微直。下车时正面朝向车门，双脚先着地，再将上体头部伸出车外，同时起立出来。女士出轿车礼仪规范如图 5-4 所示。

图 5-4　女士出轿车礼仪规范

（二）乘车座次礼仪

在乘坐小轿车时，座位排次是比较讲究的。在不同身份、不同阅历、不同经验的人眼里，轿车的也不一样。在比较正规的场合，乘坐轿车时一定要分清座次的尊卑，应在合适自己之处就座。而在非正式场合，则不必过分拘礼。座次礼仪可概括为“四个为尊，三个为上”。“四个为尊”是客人为尊、长者为尊、领导为尊、女士为尊，此四类人应为上座；“三个为上”是方便为上、安全为上、尊重为上。以这几个原则安排座次，其中“尊重为上”原则最重要。

案例 5-3

小张年轻能干，到公司不久就被看作销售部经理的候选人之一。一天，总经理准备去邻近的城市参加一场商品博览会，小张很幸运地被总经理选为陪同的两位成员之一。由于单位司机小李临时安排了其他事情不能开车送总经理去，他们临时决定搭乘董事长驾驶的轿车一同前往。一上车，小张就动作麻利地打开前门坐在了副驾驶的位置上，董事长看了一眼小张，小张没在意。一路上，董事长很少说话，总经理也同样少语，为了活跃气氛，小张找了个话题：“董事长的驾驶技术真不错，我们应该多向您学习，如果都能自己开车的话，办事的效率一定会大大提高。”董事长没有回应，只是专注地开车，而其他人也没有附和，小张觉得无趣，也不再说话了。

到了目的地，小张询问一同前往的市场部经理为何董事长和总经理都不太高兴，市场部经理告诉他原因后，他才恍然大悟，小张暗下决心要改过来。参加展会结束后，司机开车来接大家回单位，市场部经理有事决定第二天再返回，为了避免再出错，小张积极地打开前车门请总经理上车坐副驾驶，总经理坚持要同董事长坐在后排，小张着急地对总经理说：“如果您不愿意坐副驾驶位，就是不肯原谅我来时的失礼之处了。”并执意让总经理坐在副驾驶位才上车……

课堂讨论

小张有哪些失误呢？为什么？换作是你，你会怎样按指座位呢？

____

____

____

____

1. 主人亲自驾车时

主人或领导亲自驾车，一般称为社交用车。乘坐主人驾驶的轿车时，最重要的是不能冷落主人，也就是不能令前排座位“虚位以待”，一定要有人坐在那里，以示相伴。上座为副驾驶座。这种情况下，一般前排座为上，后排座为下；以右为尊，以左为卑。这种坐法体现出“尊重为上”的原则，体现出客人对开车者的尊重，表示平起平坐，亲密友善。

（1）双排五人座轿车，由尊到卑顺序是：副驾驶座→后排右座→后排左座→后排中座。

（2）双排六人座轿车，由尊到卑顺序是：前排右座→前排中座→后排右座→后排左座→后排中座。

（3）三排七人座轿车，由尊到卑顺序是：副驾驶座→后排右座→后排左座→后排中座→中排右座→中排左座。

（4）三排九人座轿车，由尊到卑顺序是：前排右座→前排中座→中排右座→中排中座→中排左座→后排右座→后排中座→后排左座。

另外，由男士驾驶自己的轿车时，若其夫人或女友在场，她一般应坐在副驾驶座上。礼仪提示：由主人驾车送其友人夫妇回家时，其友人之中的男士，一定要坐在副驾驶座上，与主人相伴，而不宜形影不离地与自己夫人坐在后排，那将是失礼之至。若同坐多人，中途坐前座的客人下车后，在后面坐的客人应改坐前座，此项礼节最易疏忽。

2. 专职司机驾车时

在接待非常重要的客人的场合，如政府要员、重要外宾、重要客人，这时候上座是司机后座，因为该位置的隐秘性好，而且是车上安全系数较高的位置。

（1）双排五人座轿车，由尊到卑顺序是：后排右座→后排左座→后排中座→副驾驶座。

（2）双排六人座轿车，由尊到卑顺序是：后排右座→后排左座→后排中座→前排右座→前排中座。

（3）三排七人座轿车，由尊到卑顺序是：后排右座→后排左座→后排中座→中排右座→中排左座→副驾驶座。

（4）三排九人座轿车，由尊到卑顺序是：中排右座→中排中座→中排左座→后排右座→后排中座→后排左座→前排右座→前排中座。

礼仪提示：在轿车上女性不宜坐在两位异性中间。

上述方法主要适用于双排座、三排座轿车，对于其他一些特殊类型的轿车并不适用。

3. 特殊轿车乘车礼仪

（1）吉普车，简称吉普，它是一种轻型越野轿车，大都是四座车。吉普车底盘高，功率大，主要功能是越野，减震及悬挂硬，坐在后排颠簸得厉害。无论由谁驾驶，吉普车座次由尊到卑顺序是：副驾驶座→后排右座→后排左座。吉普车乘车礼仪如图 5-5 所示。

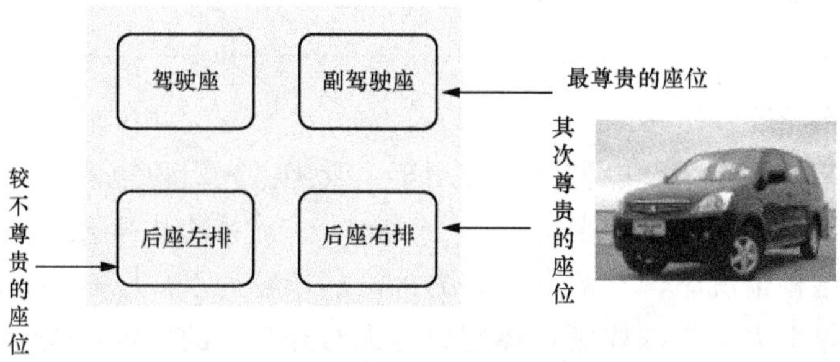

图 5-5　吉普车乘车礼仪

（2）多排座轿车，指的是四排及四排以上座次的大中型轿车。无论由何人驾驶该车，均以前排为上，以后排为下；以右为尊，以左为卑；以距离前门的远近，来排定其具体座次的尊卑。以一辆六排十七座的中型轿车为例，由尊到卑的顺序依次应为：第二排右座→第二排中座→第二排左座→第三排右座→第三排中座→第三排左座→第四排右座……

4. 轿车上座次的安全系数

从某种意义上讲，乘坐轿车理应优先考虑安全问题。在轿车上，后排座比前排座要安全得多。最不安全的座位当数前排右座。最安全的座位则当推后排左座（驾驶座之后），然后是后排中座。当主人亲自开车时，之所以以副驾驶座为上座，既是为了表示对主人的尊重，也是为了显示与之同舟共济。由专人驾车时，副驾驶座一般也叫作随员座，通常坐于此处者多为随员、译员、警卫等。鉴于此，一般不应让女士坐于专职司机驾驶的轿车的前排座，孩子与尊长也不宜在此座就座。

5. 轿车上嘉宾的本人意愿

通常在正式场合乘坐轿车时，应请尊长、女士、来宾就座于上座，这是给予对方的一种礼遇。然而，更为重要的是不要忘了尊重嘉宾本人的意愿和选择，并应将这一条放在最重要的位置。应尊重嘉宾本人对轿车座次的选择，嘉宾坐在哪里，即应认定哪里是上座。即便嘉宾不明白座次，坐错了地方，轻易也不要对其指出或纠正。这时务必要“主随客便”。

拓展阅读

职场上与上司共同乘车礼仪

1. 了解上司的用车习惯

由于每位上司坐车的习惯不同，所以有必要了解任何一位上司平时的坐车习惯，根据上司喜好选择他的座位。如果你无法获取上司的坐车信息，则可以在上车时，主动站在车门边，做出开门的动作，然后询问上司要坐哪里。如果上司喜欢坐在副驾驶座，那么你就要选择后排中间的位置，这样不但符合乘车礼仪，还方便与上司随时交流。另外，最好不要坐在后面的左排位置上；如果你带了很多文件需要汇报工作，那么你坐在后排位置上的时候，要把中间靠背的座位空间腾出来；不要坐在上司的后面，因为这样沟通会很别扭。

2. 按照国际时尚礼仪惯例，以右为尊

图 5-6　轿车座位

如图 5-6 所示，座次尊卑安排的常规是：右高左低，后高前低（后排右位 > 后排左位 > 前排右位 > 前排左位），所以，副驾驶后排坐位，是最尊贵的位置。一般而言，跟上司出行坐车，你应当主动坐副驾驶位，上司一般坐在右后座。如果上司另有指示，要求你坐在后排以便路程中交流，那么，你可以听从上司安排。如果上司开车，那么，你应该主动坐在副驾驶，而最好不要坐在后排。如果由你开车，那么上司应该坐在右后位置。若有其他特殊情况，你可以征求上司意见。如果上司主动坐副驾驶座，那么，请尊重上司的决定。如果上司不要求坐副驾驶座，那么副驾驶座的位置就属于秘书或者是助理，便于及时下车帮上司开门。

3. 主动为上司选座

根据乘车礼仪，如果是有专职司机的车辆，后排的右侧座位是首位。所以在有司机的情况下，可以自觉为上司打开后排的车门，让上司先坐，然后你坐副驾驶座。如果有随行人员，且职位比你低，就让其他人坐副驾驶座，让上司坐后排右侧，你再坐入后排的左侧。千万不要因为谦让，就让比你职位低的人和领导并排坐，因为如果上司在行车路上需要和你沟通，那么你坐在副驾驶位会影响沟通效果。

4. 你的上司要求你开车

你的上司要求你开车时，你不需要担心上司坐哪个位置，无论他坐在哪个位置，都要在行车过程中，保持与他轻松交流。

五、乘坐电梯礼仪

案例 5-4

乘坐电梯的“礼”

那天回家，我正在等电梯上楼，门口有位外国人激烈挥手，可能她没带门禁卡，于是我去帮她开了门。然后，我们一起上电梯。她站在背后说：“21 楼，谢谢！”我稍稍一愣，我搬进来住了很多年，他是第一个开口要帮忙按钮的。之前我仅有几次向拎大包小包的人主动问他们的楼层，以便帮忙按一下。看来这是外国人基本的默认礼仪，他们是不会越过前面的人自己去按电梯的，因为这是不礼貌的，拜托前面的人帮助按电梯反而是礼貌的。而与之相反的是，我们的基本默认礼仪是自己伸手去按自己想去的楼层，而不是请别人代劳，除非实在做不到。

思考

你所认为的文明乘坐电梯礼仪是什么？

____

____

（一）进电梯礼仪

在电梯门口处，如果有很多人在等候，那么此时请勿挤在一起或挡住电梯门口，以免妨碍电梯内的人出来，应先让电梯内的人出来，之后再进入，不可争先恐后。要在电梯左边等候。

靠电梯最近的人先上电梯，然后为后面进来的人按住“开门”按钮，当出去的时候，靠电梯最近的人先走。男士、晚辈或下属应站在电梯开关处提供服务，并让女士、长辈或上司先行进入电梯，自己再随后进入。

在电梯里，尽量站成“凹”字形，挪出空间，以便让后进入者有地方可站。进入电梯后，正面应朝电梯口，以免造成面对面的尴尬。在前面的人应站到边上，如有必要应先出去，以便让别人出去。眼睛看电梯门上的楼层显示屏，千万不要盯着身边的人看。

为了您和他人的方便，切忌为了等人而让电梯长时间停在某一楼层，这样会引起其他乘客的不满。但也不要一上电梯就关门而不顾其他要上电梯的人。如果电梯里人很多，不妨静候下一趟电梯。拎着鱼、肉等物品时，要包裹严密，尽量放在电梯角落，防止蹭在他人身上。电梯内不要大声交谈、喧哗。电梯内空间狭小，千万不能抽烟，不能乱丢垃圾。如物品多，请你主动往里走，或者等下一趟电梯。

（二）与他人共乘电梯礼仪

1. 与上司共乘电梯

（1）身为下属的你最好站在电梯口处，以便在开关电梯时为上司服务。与上司的理想位置是在对角处，以使两人的距离尽量远，如图 5-7 所示。

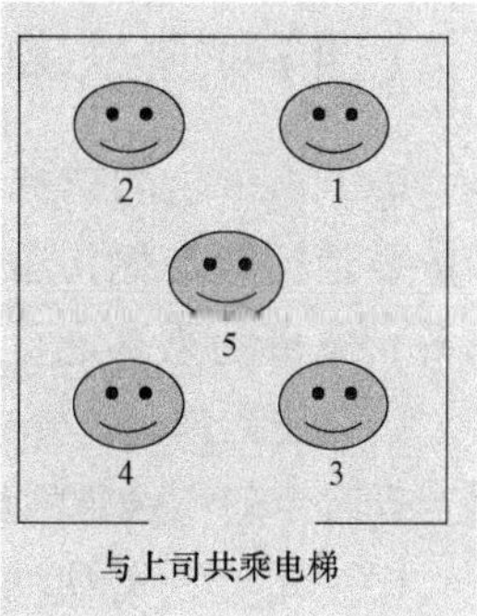

图 5-7　与上司共乘电梯

（2）在电梯里讲话时不宜一直盯着对方的眼睛，目光可适当下移，以嘴巴和颈部为限。

（3）因电梯空间很小，所以讲话时最好不要有手部动作，更不能指手画脚，动作过大。

（4）打破沉默并不是下属的专利，上司也可利用这几十秒的时间增进对下属的了解。

（5）如果上司正在思考问题或明显不想开口，那么也不必找话题进行交谈。

（6）酒后或吃大蒜后，最好嚼块口香糖再上电梯，且应在上电梯前掐灭香烟。

2. 引领客人乘坐电梯

如图 5-8 所示为引领客人时乘坐电梯时的位置。

（1）伴随客人或长辈来到电梯厅门前时；应先按电梯呼梯按钮。

（2）轿厢到达，厅门打开时，若客人不止一人，则可先行进入电梯，一手按“开门”按钮，另一手按住电梯侧门，礼貌地说“请进”，请客人或长辈进入电梯轿厢。

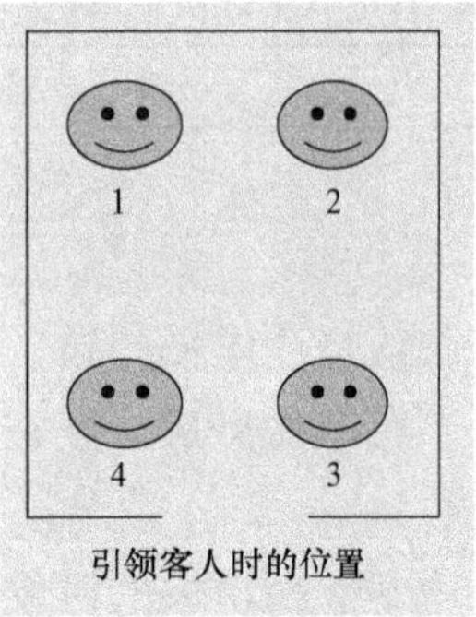

图 5-8 引领客人时的位置

（3）进入电梯后，按下客人或长辈要去的楼层按钮。若电梯行进间有其他人员进入，则可主动询问要去几楼，帮忙按下楼层按钮。

（4）电梯内可视状况决定是否寒暄，若没有其他人员时可略微寒暄；有外人或其他同事在时，可斟酌是否有必要寒暄。

（5）在电梯里尽量侧身面对客人。

（6）到达目的楼层时，应一手按住“开门”按钮，另一只手做出请出的动作，可说：“到了，您先请！”客人走出电梯后，立刻步出电梯，并引导行进的方向。

（三）出电梯的礼仪

1. 要注意安全

在电梯关门过程中，不要扒门，或者强行挤出。当电梯在升降途中因故暂停时，要耐心等候，不要冒险攀援而行。

2. 要注意出入顺序

如果与不相识者同乘电梯，进入时要遵从先来后到的原则，出来时则应由外而里依次出门，不可争先恐后。与熟人同乘电梯，尤其是与尊长、女士、客人同乘电梯时，则应视电梯类别而定：进入有人管理的电梯时，应主动后进后出；进入无人管理的电梯时，则应先进去，后出来，先进去是为了控制电梯，后出来也是为了控制电梯。

（四）乘坐扶梯的礼仪

（1）搭乘自动扶梯时“右侧站立，左侧急行”，尽量靠近梯级右侧，留出左侧空间作为急行通道，以备有急事的乘客通行，如图 5-9 所示。

图 5-9 搭乘自动扶梯靠右站立

（2）在入口处，要按顺序搭乘，不推挤，帮助老人、儿童、残疾者先行站立。在扶梯缓缓上升时，随身携带的箱包、手提袋等不要放在梯级踏板上或手扶带上，以防止东西滚落。

（3）不要逆着扶梯运行的方向走动或奔跑，很不安全，同时也会给别人造成不便。

（4）上楼时，男士应该走在女士的前面；而下楼时，才能适用“女士优先”的礼仪原则。上楼时男士优先的原因在于，如果还让女士先请，那么走在后面的男士的视线正好落在女士的臀部上，这会让女士感到不舒服，所以属于失礼行为。长幼也有顺序：上楼时，长者在前，幼者在后，以示尊重；下楼时，幼者在前，长者在后，这是出于安全考虑。

六、访送礼仪

（一）见面礼仪

见面礼仪是在职业礼仪中最常用的礼仪之一。掌握一些见面礼仪能给人留下良好的第一印象，为以后顺利开展工作打下基础，不同国家、不同地区有着不同的见面礼仪。下面介绍常见的几种见面礼仪。

1. 握手礼

想一想，动一动

一般在什么样的情况下人们会握手致意？在日常生活中，你跟其他人握过手吗？

请你起立，跟你的同桌和你周围的同学握握手。

____

____

____

____

握手是大多数国家见面和离别时相互致意的礼仪。握手既是人们见面时相互问候的主要礼仪，还是祝贺、感谢、安慰或相互鼓励的适当表达。握手的形式多种多样，表达的感情也多种多样。

（1）握手的顺序。一般而言，握手的顺序要把握“三优先”原则，也就是长者优先、女士优先、职位高者优先。在正式场合，握手时伸手的先后次序主要取决于职位、身份。在社交、休闲场合，伸手的先后次序主要取决于年纪、性别、婚否。职位、身份高者与职位、身份低者握手，应由职位、身份高者先伸手。女士与男士握手，应由女士先伸手。已婚者与未婚者握手，应由已婚者先伸手。年长者与年幼者握手，应由年长者先伸手。长辈与晚辈握手，应由长辈先伸手。迎客时主人应先伸出手来与到访的客人相握。客人告辞时，客人应先伸出手来与主人相握。

课堂讨论

年轻女士与年长男领导握手，谁先伸手呢？

宾主关系的握手顺序又是怎样的呢？

____

____

____

____

（2）握手的方式。握手一般多用右手，要与被握手者保持一定的距离，时间以1～3秒为宜。握手时上身稍向前倾，两足立正，伸出右手，四指并拢，拇指张开，向受礼者握手。右手握住对方的右手，手掌均呈垂直状态，拇指张开，上身微前倾，目视对方。这是礼节性的握手方式，一般适用于初次见面或交往不深的人。右手握住对方的右手，左手握住对方右手的手背，可以让对方感到热情真挚、诚实可靠。但是，如果与初次见面的人这样相握，可能导致相反的效果。右手与对方的右手相握，左手移向对方的肩或肘部。这种握手方式只有在情投意合和感情极为密切的人之间才适用。

（3）戴着手套握手是失礼行为。男士在握手前应先脱下手套，摘下帽子，但女士可以例外。当然，在严寒的室外有时可以不脱手套，比如双方都戴着手套、帽子，这时一般也应先说声：“对不起”。应该站着握手，或者两个人都坐着。如果你坐着，有人走来和你握手，你必须站起来。别人伸手同你握手时，你不伸手是不友好的。

2. 致意礼

致意是一种不出声的问候礼节，常用于相识或不相识的人在社交场合打招呼。一般情况是男士应向女士致意，年轻者应向年长者致意，下级应向上级致意；在行非语言致意礼时，最好伴以“您好”等简洁的问候语，这样会使致意更生动。一般有以下几种致意的方式。

（1）点头致意。目视对方，面带微笑，头向前下微低。这是在公共场合用微微点头表示礼貌的一种方式。适用如下场合。

① 遇到领导、长辈时。在一些公共场合遇到领导、长辈，一般不宜主动握手，而应采用点头致意的方式。这样既不失礼，又可以避免尴尬。

② 遇到交往不深者。和交往不深的人见面，或者遇到陌生人又不想主动接触，可以通过点头致意的方式，表示友好和礼貌。

③ 不便握手致意时。一些场合不宜握手、寒暄，就应该采用点头致意的方式。如与落座较远的熟人等。

④ 比较随便的场合。一些随便的场合（如在会前、会间的休息室，在上、下班的班车上，在办公室的走廊上）不必握手和鞠躬，只要轻轻点头致意就可以了。

（2）举手致意。适合向距离较远的熟人打招呼，或者同事之间打招呼，这种方式是一般用来向他人表示问候时使用的举止。举手致意时右臂向前方伸直或适度弯曲，要伸开手掌，右手掌心向着对方，指尖向上。轻轻向左右摆动一两下。当看见熟人又无暇分身的时候，举手致意可以立即消除对方的被冷落感。

图 5-10　欠身致意

（3）微笑致意。与相识者在同一场合多次见面时可使用微笑结合点头致意。微笑可以传播友好，它最好用在与不相识者初次会面时，也可以用在同一场合经常见面的老朋友身上。

（4）欠身致意。这是一种表示对他人恭敬的致意方式，在目视被致意者注视的同时，全身或身体的上半部分应略微向上、向前倾斜，幅度在 15 度以内。这是对他人恭敬的一种表现，可以向一个人或几个人同时欠身致意，如图 5-10 所示。

（5）起立致意。如果有尊者来访，在场者应起立表示欢迎。注意，来访者落座后，自己才可坐下；如尊者离开，则待其先起立后，其他人才可以起立相送。

3. 名片礼

名片在现代社会生活中是必不可少的交际工具，它是一个人身份的象征，甚至是一个人的脸面，它是“交际的使者”，是一种自我的“介绍信”和“联络卡”。名片可以分为社交名片和公务名片，社交名片是在一般社交场合使用的名片，用于泛泛之交，不愿深交者，内容主要是本人的姓名。公务名片是在政务交往中、公司交往中、学术交往中及办公事时使用的名片，它需要提供较为丰富的资讯，包括自己的姓名、职务、学术性、技术性头衔等称谓，还包括单位名称、所在部门、企业标志等归属信息，最后还应包括单位地址、办公电话、邮编等联系方式。

（1）名片的递接时机。

希望与对方认识时，尤其是初次见面，相互介绍之后就可递上名片；当被介绍给对方时、初次登门拜访对方时、对方希望与自己交换名片时、对方主动向自己索要名片时，可递交名片。当需要知晓对方的准确情况时，可向对方索要名片。好朋友很久没见面了，可以在告别时相互交换名片，当自己的信息有变更时，需告知对方，如图5-11所示。

图5-11　名片递接

（2）名片的接收。

接收他人名片时，应尽快起身或欠身，面带微笑，用双手的拇指和食指接住名片的下方两角，态度也要毕恭毕敬，表示尊重对方。接到名片时要认真地看一下，可以说声“谢谢！”。忌不看一眼就把对方的名片扔到一边，更不可把对方的名片拿在手上把玩，这样是无视对方的存在。接到他人的名片时一定要慎重，不可在对方的名片上压放任何物品，也不可在离去时忘记拿对方的名片。只有在社交场合跟外国人打交道时，女士接名片可以坐而不立，一般在国内场合不能这样做。迎向对方时要双手捧接，自己有名片时，要回敬。

（3）名片的索取。

一般情况下，交换名片正规的顺序应该是地位低的人首先把名片递给地位高的人，地位高的人有优先知情权。

（4）名片的放置。

出席商务社交活动，要携带名片。注意不要将名片放在后裤袋或裙兜里。名片不仅要带，放在什么地方也是有讲究的，最好是装在名片夹里，一般放在上衣的内袋里，女士放在手袋也行。

拓展阅读

其他见面礼

1. 拥抱礼

如图5-12所示，两人正面对立，各自举起右臂，将右手搭在对方的左臂后面；

左臂下垂，左手扶住对方的右后腰。首先向左侧拥抱，然后向右侧拥抱，最后再次向左侧拥抱，礼毕。拥抱时，还可以用右手掌拍打对方左臂的后侧，以示亲热。正规的拥抱礼，讲究两人相对站立，各自抬起右臂，将右手搭在对方左肩后面，左臂从对方右肋往背后轻轻环抱，也可以用左手扶住对方的右腰后侧，按各自方位，头部及上身向左侧拥抱对方一次，最后向右，然后再次向左，拥抱三次后礼毕。

图 5-12　拥抱礼

拥抱礼的注意事项如下所述。

（1）在我国，除一些仪式场合或少数民族之间外，很少使用拥抱礼。

（2）礼节性拥抱一般时间很短，久别友人或至亲之间拥抱在姿势或次数上则不必拘于形式。

（3）拥抱时双方身体不可贴得很近。

（4）西方人在商务往来中一般不行拥抱礼。

（5）阿拉伯人一般不行握手礼，同性之间多行拥抱礼。

2. 亲吻礼

行亲吻礼时，通常不发出声音，也不应将唾液弄到对方的脸上或手上。行吻面颊的礼仪时，男、女双方均可主动，轻吻右颊表示友谊，轻吻双颊表示双方之间关系比较亲密。行吻手礼只限于室内，而且吻手礼的受礼者，只能是已婚妇女，手腕及其以上部位，是行礼时的禁区。吻嘴唇，仅限于夫妻与恋人之间，不宜滥用，不宜当众进行。

（1）关系亲近的女士之间：行贴面颊。

（2）关系亲近的男士之间：多数行抱肩或拥抱礼，也可以行贴面颊礼。

（3）男女朋友或兄妹姐弟之间：吻面颊。

（4）父母子女或长辈晚辈之间：长辈吻晚辈的面颊或额头；晚辈吻长辈的面颊或下颌。

（5）男士对尊贵的女士行吻手礼。

（6）夫妻之间或恋人之间可以亲吻嘴唇。

3. 合十礼

如图 5-13 所示，把两个手掌在胸前对合，掌尖和鼻尖齐高，手掌向外倾斜，头略低，兼含敬意和谢意双重意义。合十礼流行于泰国、缅甸、老挝、柬埔寨、尼泊尔等佛教国家。合十礼源自印度，最初仅为佛教徒之间的拜礼，后发展成全民性的见面礼。在泰国，行合十礼时，一般是两掌相合，十指伸直，举至胸前，身子略下躬，头微微下低，口念“萨瓦迪”。“萨瓦迪”系梵语，原意为如意。遇到不同身份的人，行此礼的姿势也有所不同。例如，晚辈遇见长辈行礼时，要双手高举至前额，两掌相合后需举至脸部，两拇指靠近鼻尖。男士行礼人的头要微低，女士行礼人除了头微低外，还需要右脚向前跨一步，身体略躬。长辈还礼时，只需双手合十放在胸前即可。拜见国王或王室重要成员时，均须跪下。国王等王室重要成员还礼时，只点头即可。无论地位高低，遇见僧人时都要向僧人行礼，而僧人则不必还礼。此礼可分为下列几大类。

图 5-13　合十礼

（1）跪合十：各国佛教徒拜佛祖或高僧时要行的一种礼节。

（2）蹲合十：某些国家的人在拜见父母或尊长时的一种礼节。

（3）站合十：某些国家的平民之间、平级官员之间相拜，或者公务人员拜见长官时常用的一种礼节。

4. 鞠躬礼

基本姿势：身体成标准站姿；手放在腹前。角度：20～30 度。表情：自然，符合场景。眼神：视对方或视地面。行鞠躬礼时，应脱帽立正，双目要注视受礼者，然后上身弯腰前倾。一般来说，男士双手放在两侧裤线处，女士双手则应下垂搭放在腹前。一般场合问候、打招呼，鞠躬的幅度在 15 度左右；迎客、送客等场合，幅度在 30～40 度左右；如遇悔过或谢罪等场合，则 90 度的大鞠躬才能表示出其诚恳之意。鞠躬的幅度越大，所表示的敬重程度就越大。鞠躬的次数，可视具体情况而定，唯有追悼活动才采用三鞠躬；在喜庆场合，一般鞠躬的次数不超过三次。鞠躬礼如下图 5-14 所示。

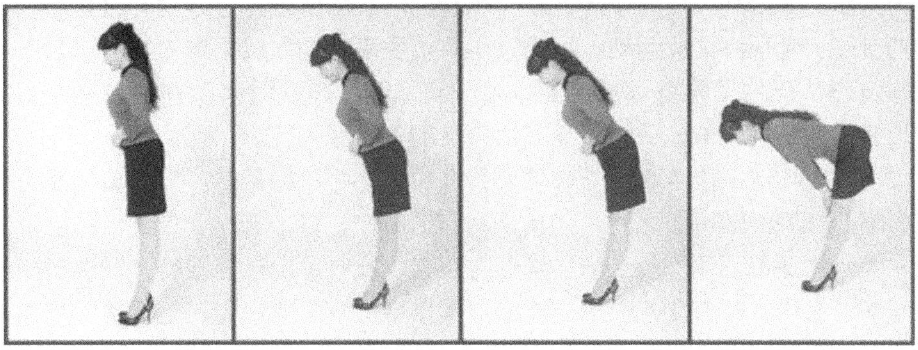

图 5-14　鞠躬礼

（二）接待礼仪

接待是指个人或单位以主人的身份招待客人，以达到某种目的的社会交往方式。总目的：让客人乘兴而来，满意而归。接待原则：平等、热情、友善、礼貌。

1. 接待前的准备

接待前，主人应了解和掌握来宾的基本情况，做到心中有数。

（1）在接到来宾的来函、来电或通知后，应详细地了解来宾的单位、姓名、身份（职务、级别）、人数（包括男、女各多少人）、民族和来意。

（2）掌握时间。事先一定要了解、记住客人来访的具体日期和时间。如果客人事先没有通知就“不期而至”，作为主人，无论工作多么繁忙也要停止手中的工作，热情接待客人。

（3）布置好场所。如果室内卫生需要整理，则可以请客人在门外稍候，陪对方说几句话，并道歉，不要冷冷地下逐客令。一般情况下，布置场所（会客室）时应先打扫卫生，整理摆放桌椅，适当准备一些水果、饮料、茶具、香烟等，如果是商业或其他公务会谈，则还要准备一些文具用品和可能用得上的相关资料及电话、传真等，同时，还可以在会客室里摆上一些鲜花。

（4）了解客人的基本情况，尤其是主宾及访客的人数，准备好交通、食宿、活动、礼品等。在客人到来之前，要事先了解客人是乘坐什么交通工具，如果是开车来访，只要在门口做好迎接准备即可；如果是乘火车、轮船、飞机、汽车，则要做好接站的准备，并安排好客人的吃住。其原则是：一方面要尽可能招待得好一些；另一方面也不可脱离实际一味追求高档豪华，切忌给人以华而不实的感觉。

拓展阅读

如何选择接待规格

（1）高格接待：接待人员比来访人员身份高的接待。上级领导委派一般工作人员向下级领导口授意见或要求时；企业职能部门为了与上级主管部门、地方政府、媒体建立良好的公共关系的接待；政府职能部门在跟踪项目过程中与合作者、政府官员的交往、专项考察等活动；下级领导有重要事项向上级领导汇报时；政府职能部门与合作伙伴的领导委派一般工作人员到本部门商议重大事宜并与其共同完成某项重要任务时；本单位认为需要高格接待的其他客人等。

（2）对等接待：接待人员与来访人员身份大体相等的接待。兄弟单位及合作企业间、部门之间、上下级之间、人员之间商洽工作，谋求合作、处理公务应对等接待；有关机构评审、评优及专项技术业务检查、验收等应对等接待；职能部门间的工作互动、互访、对口业务学术交流应对等接待；本企业认为其他需要对等接待的客人。

（3）低格接待：接待人员比来访人员身份低的接待。参观学习团和旅游团的接待可采取低格接待；老干部故地重游或友好合作单位领导路过本地可采取低格接待；本企业认为其他需要低格接待的客人。

2. 接待礼仪

（1）迎客礼仪。

① 接站：掌握客人到达时间，保证提前等候在迎接地点。

准备一块迎客牌，上书“欢迎（恭迎）×××代表团”或“欢迎×××先生（女士）”或“×××接待处”等，同时，要高举迎客牌，以便客人辨认。

② 会面：主人应主动迎接，不应在会谈地点静候，见到客人应热情打招呼，先伸手相握，以示欢迎，同时应说一些寒暄辞令。如果客人是长者或身体不太好则应上前搀扶，如果客人手中提有重物则应主动接过来。

③ 乘车：接到客人后，应为客人打开车门请客人先上车。在车上，接待者要主动与客人交谈，告知客人访问的安排，争取客人的意见。向客人介绍当地的风土人情、沿途景观。到达地点后，接待者应先下车为客人打开车门，然后请客人下车。

④ 入室：下车后，陪客者应走在客人的左边，或者走在主陪人员和客人的身后，到达会客室门口时应打开门，让客人先进，在会客室内应将最佳位置让给客人，同时，还要按照介绍的礼仪把客人介绍给在场的有关人员。

⑤ 引领：注意引领开始时向访客说一声：“对不起，让您久候了。”场所不同，引领客人的要点也不同。在走廊上，走在访客前侧方两至三步。当访客走在走廊的正中央时，你要走在走廊的一旁，并偶尔向后望，确认访客跟上；在转弯拐角时，要招呼一声说：“往这边走。”在楼梯上先说一声：“在×楼。”然后开始引领访客到楼上。上楼时应该让访客先走，因为一般以为高的位置代表尊贵。在上下楼梯时，不应并排行走，应让客人走在栏杆一侧，自己则靠近墙壁。女性穿短裙时不宜走在客人前面，因为差两个楼梯时客户视线会正好落在你的大腿之间。如果是乘坐电梯，首先，你要按动电梯的按钮，同时告诉访客目的地是在第几层。如果访客不只一个人，或者有很多公司内部的职员也要进入电梯并站在一角，则应按着开门键，引领访客进入，然后再让公司内部职员进入。让访客先进入，以示尊重。离开电梯时,则刚好相反，应按着开门键，让宾客先出。如果你的领导也在，则应让你的领导先出，然后你再跟出。引导客户搭乘电梯的礼仪主要强调的是以客为尊，先客后己。为了避免发生踩脚、夹门等事件，接待人员要时时刻刻想着为客户控制好电梯开关，在确保没有任何危险的情况下再让客户出入。

（2）待客礼仪。

首先，接待者要事先做好准备，熟悉情况，以便给客人做详细的介绍；其次，陪同时要遵守时间，衣着整洁，安排好交通事宜；再次，陪同时要热情、主动，掌握分寸，既不要过分殷勤，也不要冷淡沉默；最后，参观、游览时要注意客人的安全，车费、门票费用尽量由主人支付。需要时交换名片，接待时要注意礼貌用语，需要敬茶时，茶壶、茶杯要清洗干净，不能用剩茶或旧茶待客，用什么茶叶应事先征求客人意见。倒茶时要讲究“茶七酒八”的规矩，不要太满，茶杯要一字排开，来回冲倒，浓淡均匀。

图 5-15 双手奉茶

敬茶时应先客后主，如客人较多，则应按级别或长幼依次敬上。上茶的步骤一般是双手拿茶壶在客人的右侧斟茶；左手托底，右手拿茶杯中部，杯子耳朝客人，双手奉茶（如图 5-15 所示）；续杯以 30 分钟为标准；如妨碍客人交谈，则应先说一声“对不起”。

（3）送客礼仪。按照常规，道别应当由来宾率先提出。道别时，主人应特别注意四个环节：一应加以挽留；二应起身在后；三应伸手在后；四应相送一程。

有时候需要进行饯别，也就是在来宾离别之前，东道主专门为对方举行一次宴会，以便郑重其事地为对方送别。而在异地来访的重要客人离开本地之时，东道主（或委派专人）前往来宾的临时住所，与客人亲切告别，并目送对方离去。

一般来说，客户离开时都要享受“全员送客礼”，其他主要送客礼还有电梯送客礼、门口送客礼及车旁送客礼。

全员送客礼：一般发生在客户离开公司，经过一些办公室的时候。客户结束会谈将要走出公司时，必然要经过许多办公室。如果访客恰好经过你与其他员工办公的地方，你们只要看见访客就应该马上站起，将椅子推入桌下，每人都抬头看一下客户说一声“谢谢！再见！”，一定要力求做到“人人迎宾，人人送客”。

门口送客礼：接待人员如果要将客人送到门口，就要等到客人即将离开时做最后一次鞠躬，同时说声“谢谢，欢迎再次光临”，并目送客人的身影，直至消失不见才可返回自己的工作岗位。

车旁送客礼：如果将客户一直送到他的车旁，那么一定不要忘记在即将关车门时做最后一次鞠躬并说“谢谢，请注意行车安全”，然后目送车子离开，直至看不见车影才可离开。

电梯送客礼：将客户送到电梯口时，接待人员在电梯门关上之前，都要对客户注目相送，等电梯即将关上时挥手示意或做最后一次的鞠躬礼，并说声“谢谢，欢迎再次光临！再见！”

（三）拜访礼仪

1. 拜访的基本礼节

（1）事先约定拜访时间。拜访之前通过口头预约、电话预约和写信（或电子邮件）预约等方式进行事先预定，在约定时间时，应首先考虑对方是否有空，以不让对方感到为难为原则。口气应该是友好、请求、商量式的，而不能是强求、命令式的。如果因事情紧急，或者无法预约而做了“不速之客”，则应在相见时及时详细地道出事情的原委，表示自己的歉意，求得对方的谅解。拜访最合宜的时间：选择不忙碌时段，避开刚上班时候、午休、下班前；拜访对象心情较好或者较轻松的时候；工作告一段落时。

（2）备妥资料及名片。一定要确认是否遗漏任何在谈话中可能涉及的资料；确认资料摆放的顺序在出示时是否方便；再次确认名片是否准备妥当。

（3）注意仪容形象的修饰。良好的仪表仪容，既是维护自己的良好形象，也是对被访者的尊重。公务拜访应着正装，并注意仪表仪容，服饰、装束到发型妆容都要符合社交礼仪要求。重要的拜访对象则要在拜访前关掉手机，确保不受打扰。

（4）遵守时间观念。千万不要迟到，因为没有人愿意与不守时的人进行交往。你最好能提前 10 分钟到达，这是你用来搭电梯或走楼梯、整顿服装仪容的时间。因故不能及时到达时，应尽早通知对方，并讲明原因，无故迟到或失约都是不礼貌的。

（5）谦恭有礼的谈话技巧。交谈的时候谈吐要文雅，对主人家的家庭情况只作一般了解。探视病人在谈话时要多说一些轻松、宽慰的话，以利于病人恢复平静稳定的心情。有些公务拜访要进行工作磋商，不要轻易表态，随便允诺。

2. 拜访的注意事项

拜访客户要非礼勿听、非礼勿视、非礼勿动，不要一看到客户与其他人交谈，耳朵就竖起来；不要未经客户允许，就私自翻阅客户资料；不要触动客户的任何东西，包括电子用品，尤其是电脑。要感谢接待的人员，拜访结束，当你要离开时，千万别忘了真心诚意地跟客户说“感谢你们！感谢你们今天的招待！耽误你们的时间了！”切忌使用过于夸张的语言和动作。另外，拜访时间勿太长，一般性的拜访最好控制在 15 分钟左右，最长不能超过 1 小时。如果拜访时间过长，很可能会耽误对方的其他事情。肢体语言的动作幅度不要太夸张，不可宽于肩。离开时，双手放在腹部，真心诚意地鞠个躬向主人表示感谢。

（四）馈赠礼仪

馈赠是人们在交往过程中通过赠送给交往对象礼物来表达对对方的尊重、敬意、友谊、纪念、祝贺、感谢、慰问、哀悼等情感与意愿的一种交际行为。目的是沟通感情、保持联系、体现馈赠者的品质和诚意。馈赠需要考虑馈赠对象、馈赠场合、馈赠目的、馈赠时间、馈赠方式等要素。

1. 礼品的选择

在礼品选择上我们要根据馈赠目的、馈赠对象来选择礼品，如公司庆典一般送鲜花；慰问病人可以送鲜花、营养品、书刊；朋友生日送卡片、蛋糕；节日庆祝送健康食品、当地特产；旅游归来送人文景观纪念品、当地特产；走亲访友送精致水果、糖酒食品等。在选择礼品的时候一定要了解受赠对象的爱好和需要，尊重对方的个人禁忌。

2. 馈赠禁忌

在馈赠的时候要注意不送现金、信用卡和有价证券；不送价格过高的奢侈品；不送不合礼节、不利健康之物；不送易使异性产生误解之物；不送触犯受赠对象个人禁忌之物；不送涉及国家机密之物；不送其他有违国家法律、法规之物；不送不道德的物品等。

3. 选择好恰当的时机。

不必每逢良机必送，使礼多成灾，例如对方刚做完手术尚未痊愈时不必送礼。馈赠一定要选择最佳时机。如：结婚、生子、乔迁、晋升、受挫、生病住院、表示感谢等时间段。控制好送礼的时限。一般以简短为宜，说明意图及礼品解释即可。同时，送礼时应注意区分公务场合与私人场合。在公务交往中，一般应选择工作场所或交往地点赠送礼品；而在私人交往中，则宜于私下赠送，受赠对象的家中通常是最佳地点。

4. 礼品的包装。

注意礼品包装的材料、容器、图案造型、商标、文字、色彩的选择和使用，应符合政策法规和习俗惯例，不要违反受赠方的宗教、民族禁忌、注意数字禁忌。例如“4”“9”是日本的忌讳。“13”是欧美人的忌讳。还要注意色彩的选择，不同国家、不同民族有不同的颜色禁忌与爱好，比如日本忌绿色，喜红色；美国人喜欢鲜明的色彩，忌紫色；伊斯兰教徒讨厌象征死亡的黄色而喜欢绿色等。

5. 拒收礼品礼仪。

在面交礼品时，送礼者应着装规范，起身站立，面带微笑，目视对方，双手递交。将礼品交于对方后，与对方热情握手。拒收礼品应保持礼貌、从容、自然、友好的态度，先向对方表达感谢之情，再向对方详细说明拒收的原因，切记不可硬阻挡，以免对方难堪。

项目任务书

一、分组

将一个班的学生分成6～8个团队，每个团队5～7人。具体步骤如下所述。

1. 教师先通过让学生自荐和推荐的方式选出各队队长，明确队长的职责。（负责本团队所有活动的组织、安排、协调工作，同时自己带头完成分配给自己的工作，督促、帮助其他成员完成相应的工作。）

2. 由队长在课堂上自行联系本班同学，组成自己的团队。每个团队中的成员应该男性与女性合理搭配，每个团队最好分别有性格外向的、性格内向的、表达能力强的、计算机能力强的、文字能力强的、组织能力强的学生。

二、分工与安排

（1）首先要全部认真地阅读该次项目任务的所有内容，清楚自己需要完成哪些任务（哪些是需要集体合作共同完成的，哪些是自己独立思考完成的）、如何完成、何时完成，做到心中有数。

（2）组长针对任务内容进行详细分工与安排，并将最终任务安排明细在小组里宣布，做到组内的每个成员都非常清楚。然后组员按照组长的分配开始行动。要保证时间安排合理，在规定的时间内完成各项任务。

注意：需集体共同完成的任务由组长组织协调分工（什么时间谁负责查找资料，如何进行市场调查，什么时候研讨并分析，什么时候模拟练习，什么时候填写分析报告，谁负责制作PPT等），避免争吵，要注意所分配的任务合理，以锻炼组员各种不同的能力，分工要利于高效完成项目任务。

（3）一定要在规定的时间内完成，团队组织到位，分工合理，整个活动过程有序、有效；资料查找完整，在规定时间内将任务产出内容填写完整，清晰明了且表达生动。

（4）组长与组员商讨本组任务分工与安排后，填写任务分工安排表。

注意：在组长的任务书中填写的是完整的任务分工安排表，即整组每个成员的任务安排，个人的任务书中则只需要将自己的任务分工与安排填写清楚即可。

（5）不清楚的地方请及时向指导教师询问。

（6）根据计划填写计划表，如表5-1“计划安排表”。

表5-1　计划安排表

练习编号	练习内容及说明	时间安排	负责及参与人员	备注说明

续表

练习编号	练习内容及说明	时间安排	负责及参与人员	备注说明

填表说明：（其他任务分工安排表同）

练习编号：参见项目任务执行，个人填写所负责对应的编号；

练习内容：将具体的任务内容安排填写清楚，并非简单地将每个任务的标题填写进去，有时候为了完成一个子任务，需要将其进行拆解，形成若干小任务；

时间安排：格式为：××月××日××点—××月××日××点；

负责及参与人员：填写小组成员姓名；

备注说明：为了更好地完成任务，其他需要增加的内容。

三、练习内容

练习 1：餐饮礼仪

（一）情景设计与分析

（1）中餐礼仪。

以小组为单位，请根据情景设计中餐宴会接待工作及赴宴工作。公司因业务需要宴请四位新疆来的重要客人，公司经理、办公室主任、秘书等 6 人作陪。宴会在一个中餐厅的圆桌上进行。请完成相应的表 5-2“成果产出表 1”。

表 5-2　成果产出表 1

（1） 作为宴请方，请你撰写宴请的策划方案，包括宴请的规格、时间、地点、菜单、祝酒词；座次及其排列（画图说明）；宴请接待的礼数及礼节。
（2）作为赴宴方，请你撰写赴宴礼节及礼数。

（2）西餐礼仪。

以小组为单位，请根据情景设计西餐宴会接待工作及赴宴工作。公司刚与加拿大某公司签订了合作合同，公司总裁李先生、销售经理张先生、办公室主任刘女士等组织相关人员和加拿大合作方到西餐厅用餐，选用了长方形餐桌。根据情景，请完成相应的表 5-3 “成果产出表 2”。

表 5-3　成果产出表 2

（1） 作为宴请方，请你撰写宴请的策划方案，包括宴请的规格、时间、地点、菜单、祝酒词；座次及其排列（画图说明）；宴请接待的礼数及礼节；尤其注意男女座次安排、刀叉餐具、餐巾纸等摆放合理有序。
（2）作为赴宴方，请你撰写赴宴礼节及礼数。

（3）作为学校周末校园参观日的志愿者，你代表学校接待人员负责在办公室给来访的人员及学校陪同人员倒茶，请详细描述操作要求。完成相应的表 5-4“成果产出表 3”。

表 5-4　成果产出表 3

（4）根据以上三个情景要求设计角色扮演，撰写脚本，并拟定角色进行情景展示。请完成相应的表 5-5 “成果产出表 4”。

表 5-5　成果产出表 4

（1）中餐礼仪情景模拟脚本。
（2）西餐礼仪情景模拟脚本。

（二）趣味拓展

请完成相应的表 5-6“成果产出表 5”。

表 5-6　成果产出表 5

（1）人常言：“饮酒应有酒品”。联系生活见闻谈谈你对这句话的理解。
（2）详细分析咖啡饮用礼仪。包括怎样拿咖啡？怎样给咖啡加糖？怎样用咖啡匙？咖啡太热了怎么办？咖啡杯、碟如何盛放？喝咖啡想吃点心，怎么做？如何品咖啡？

任务 2：交通礼仪

（一）案例分析

案例一：北京的北信慧通公司今天要去机场迎接从日本来的客户：对方公司的总经

理小 A。北信慧通公司前去迎接的是：公司张总经理 B、翻译王小姐 C 和司机老何 D。请帮这四位安排一下座位。

案例二：在接回客户下榻酒店的途中，张总 B 和小 A 谈得甚是投缘，两人发现都有驾车的爱好，激动之下，张总亲自开车。请帮这四位安排一下座位。

【以上均为五座轿车】

请完成相应的表 5-7“成果产出表 6”。

表 5-7　成果产出表 6

案例一：
案例二：

（二）情景分析与模拟

请完成相应的表 5-8“成果产出表 7”。

表 5-8　成果产出表 7

（1）有嘉宾要来学校，学院领导让你去办公楼一层接待，并且带领嘉宾乘坐电梯到 5 层多功能会议室内，请描述乘坐电梯的礼仪。
（2）你在等电梯，站在最前面。电梯来了，你是第一个进入电梯的人。电梯门口刚关上，你的电话就响了。你接完电话不久后，到达了目的地，有几个人和你一起走出电梯。根据乘坐电梯礼仪描述你进出电梯的行为。

（3）小王毕业后到胜华公司总经理办公室工作。耀达公司是胜华公司的主要客户。这天，耀达公司的刘副总经理到胜华公司来洽谈新的合作项目。小王陪同胜华公司张经理到机场迎接。人物有：刘副总经理、张经理、小王、司机。你将如何进行轿车座位的安排，帮客人开车门的手势及要求是什么？

（二）情景模拟

以小组为单位，根据以上情景及小组成员情况撰写脚本，并进行角色分配及表演乘车与乘坐电梯礼仪情景模拟。请完成相应的表 5-9“成果产出表 8”。

表 5-9　成果产出表 8

练习 3：见面与通信礼仪

（一）案例分析

阅读下面案例并完成任务产出表。

A 公司总经理决定向 B 公司采购一批价值百万元的办公用品，B 公司销售部负责人正好打电话说要来拜访，总经理想到对方过来就直接在订单上盖章就可以了。没想到 B 公司负责人比预期约定的时间提前了 2 个多小时就到了，并且带来了很多样品，原来 B 公司得知 A 公司分公司也同样需要采购一批办公用品，所以也想将分公司的办公用品承包。A 公司总经理由于没有想到对方会提前那么早就过来，有事无法很快处理完，于是请 B 公司的人在会议室等待，过了 1 个小时，B 公司的人不耐烦了，边整理资料边不高兴地说道："改天再来拜访吧。"同时将之前 A 公司总经理给的名片弄掉在地上，并且从该名片上踩了过去，这些刚好都被 A 公司的总经理看到了，该经理改变了计划，不再从 B 公司采购办公用品。

请完成相应的表 5-10"成果产出表 9"。

表 5-10　成果产出表 9

1. B 公司为什么会生意失败？ 2. 结合案例分析，在商务拜访的过程中，我们需要注意哪些礼仪？ 3. 分析在商务合作中名片礼仪的重要性。

（二）情景模拟

场景：你要与某公司的经理洽谈业务，你电话约他见面。他的秘书接了电话并将信息转述给总经理，总经理同意与你见面，你们约好了在一家咖啡厅见面。你带上了相关资料，在咖啡厅接待了他，你们交换了名片，并愉快地完成了商谈业务。

注意模拟要点：

（1）提前到达咖啡厅，接待经理。

（2）首先要把自己的名片准备好，整齐地放在名片夹、盒或口袋中，要放在易于掏出的口袋或皮包里。

（3）见面时，要热情地握手问好，上身稍向前倾斜。递交名片要用双手或右手，用双手拇指和食指执名片两角，让文字正面朝向对方，递交时要目光注视对方，微笑致意，可顺带说一句"请多多关照"。

（4）接名片时要用双手，并认真看一遍上面的内容。如果接下来与对方谈话，不要将名片收起来，应该放在桌子上，并保证不被其他东西压起来，使对方感觉到你对他的重视。

（5）先请对方入座，自己方可坐下。

各组根据场景需要设计好角色分配，把握礼仪要领，将模拟脚本写在表 5-11"成果产出表 10"中。

表 5-11　成果产出表 10

练习 4：馈赠礼仪

（一）情景分析与设计

请完成相应的表 5-12"成果产出表 11"。

表 5-12　成果产出表 11

（1）假如你的客户很快要过生日了，请从给出的四件礼物中选择一件礼物送给他（她），并且说明选择及不选择的理由：

礼物	选择或者不选择的理由
鲜花	
手机	
衣服	
羽毛球拍	

（2）假设你是某单位的办公室主任，你所在单位的一个长期合作伙伴最近准备新开一家贸易公司，那么该公司开业的时候你选择什么礼品、什么时间、采用何种方式赠送呢？

（二）案例分析

阅读完案例后分析：

一位女士在伦敦留学时曾在一家公司打工，女老板对她很好，在很短时间内便给她加了几次薪。一日，老板生病住院，这位女士打算去医院看望病人，于是她在花店买了一束红玫瑰，在半路上，她突然觉得这束花的色彩有点单调而且看上去俗气，就去买了十几支白丁香花，并与原来的玫瑰花插在一起，自己感到很满意。走进了病房，结果她的老板见到她的时候，先是高兴，转而勃然大怒。

请根据情景完成相应的表 5-13“成果产出表 12”。

表 5-13　成果产出表 12

1. 案例中的女士探病行为出了什么错误？
2. 请分别描述在探病、庆贺公司庆典 、母亲节 、友人新婚时分别可以送哪些花？

四、成果评价标准与得分

（一）评分标准

本次“社交礼仪”项目任务分为四个子任务，每个任务的完成都有相应的分值，具体评价标准如下所述。

（1）本次项目任务占据最后总评成绩的 10%。

（2）任务分工表填写符合要求，具有可操作性，记录详细清晰。

（3）任务产出内容完整，真实可信，有说服力、吸引力、正确且符合礼仪规范。

（4）案例情景分析填写完成，描述清晰正确有说服力。

（5）情景模拟汇报，注意礼仪，自然大方，表达清楚，观点明确，符合场景。

（二）分值分配

填写表 5-14，计算总分。

表 5-14 分值分配表

评分项	具体任务内容	分值	实际得分
任务分工与安排		5 分	
练习 1：餐饮礼仪		25 分	
练习 2：交通礼仪		25 分	
练习 3：见面与通信礼仪		20 分	
练习 4：馈赠礼仪		25 分	
总分			

项目6 职业形象设计综合实训

Project six

学习目标

（1）能够综合运用个人形象设计的知识并根据自身情况及职业特征进行职业形象设计；

（2）能够综合运用职业礼仪的知识并根据具体的情况进行正确的运用，以树立良好的精神面貌及综合的职业素质；

（3）懂得严格要求自己，并寻找恰当的途径不断地培养能力，提升自己；

（4）懂得团队合作的重要性，培养团队精神及时间管理能力，学会时间管理与控制。

项目任务书

一、分组

将一个班的学生分成6～8个团队，每个团队5～7人。具体步骤如下所述。

（1）教师先通过让学生自荐和推荐的方式选出各队队长，明确队长的职责。（负责本团队所有活动的组织、安排、协调工作，同时自己带头完成分配给自己的工作，督促、帮助其他成员完成相应的工作。）

（2）由队长在课堂上自行联系本班同学，组成自己的团队。每个团队中的成员应该男性与女性合理搭配，每个团队最好分别有性格外向的、性格内向的、表达能力强的、计算机能力强的、文字能力强的、组织能力强的学生。

二、分工与安排

（1）首先要全部认真地阅读该次项目任务的所有内容，清楚自己需要完成哪些任务（哪些是需要集体合作共同完成的，哪些是自己独立思考完成的）、如何完成、何时完成，做到心中有数。

（2）组长针对任务内容进行详细分工与安排，并将最终任务安排明细在小组里宣布，做到组内的每个成员都非常清楚。然后组员按照组长的分配开始行动。要保证时间安排合理，在规定的时间内完成各项任务。

注意：需集体共同完成的任务由组长组织协调分工（什么时间谁负责查找资料，如何进行市场调查，什么时候研讨并分析，什么时候模拟练习，什么时候填写分析报告，谁负责制作 PPT 等），避免争吵，要注意所分配的任务合理，以锻炼组员各种不同的能力，分工要利于高效完成项目任务。

（3）一定要在规定的时间内完成，团队组织到位，分工合理，整个活动过程有序、有效；资料查找完整，在规定时间内将任务产出内容填写完整，清晰明了且表达生动。

（4）组长与组员商讨本组任务分工与安排后，填写任务分工安排表。

注意：在组长的任务书中填写的是完整的任务分工安排表，即整组每个成员的任务安排，个人的任务书中则只需要将自己的任务分工与安排填写清楚即可。

（5）不清楚的地方请及时向指导教师询问。

（6）根据计划填写计划表，如“表 6-1 计划安排表”。

表 6-1　计划安排表

任务编号	任务内容及说明	时间安排	负责及参与人员	备注说明

填表说明：（其他任务分工安排表同）

任务编号：参见项目任务执行，个人填写所负责对应的编号；

任务内容：将具体的任务内容安排填写清楚，并非简单地将每个任务的标题填写进去，有时候为了完成一个子任务，需要将其进行拆解，形成若干小任务；

时间安排：格式为：××月××日××点—××月××日××；

负责及参与人员：填写小组成员姓名；

备注说明：为了更好地完成任务，其他需要增加的内容。

三、实践内容——秀出形象、展示礼仪

（一）根据给定的情景进行设计

情景描述：A 公司是国际贸易公司，最近需要与来自 C 国的 B 公司进行商谈合作。情景设计与展示流程、要求是：

（1）情景一：A 公司到机场迎接 B 国的代表，注意职业形象设计及接待礼仪、交通礼仪的运用。

（2）情景二：A 公司商务宴请 B 公司，注意职业形象设计及餐饮礼仪的运用。

（3）情景三：A 公司与 B 公司进行商务谈判并达成合作，注意职业形象设计、言谈礼仪、会议礼仪的运用。

（4）情景四：A 公司与 B 公司交换礼物以示友好，注意馈赠礼仪的设计。

（二）执行要求

（1）以 1～2 个小组为单位，根据抽取的情景，进行职业形象与情景设计，并在情景中展示正确的礼仪。

（2）本次任务要求全员参与。

（3）小组讨论。根据情景要求，综合运用所学的知识，设计以 T 台秀、情景剧、小品等形式进行；各组要求在规定的时间做好准备，此次活动最后以比赛的形式进行点评。

（三）情景展示要求

（1）秀出形象：各组在情景展示前先进行角色职业形象设计及展示，各个角色分别进行 T 台秀的展示，展示考核个人面部形象设计、着装、工作姿态三个部分，时间控制在 5 分钟内。

（2）展示礼仪：四个情景设计注意相应的礼仪，正确展示。情景设计合理，模拟到位自然。请完成相应的表 6-2“成果产出表 1”。

表 6-2 成果产出表 1：“秀出形象、展示礼仪”情景设计

角色安排
秀出形象 T 台秀安排
情景设计及模拟脚本

四、成果评价标准与得分

（一）评分标准

本次“职业形象设计综合实训”具体评价标准如下所述。

（1）本次项目任务占据最后总评成绩的 10%。

（2）任务分工表填写符合要求，具有可操作性，记录详细清晰。

（3）情景设计合理，展示符合要求。

（二）分值分配

填写表 6-3，计算总分。

表 6-3 分值分配表

<table>
<tr><th rowspan="3">组号</th><th colspan="12">任务内容</th><th rowspan="3">总分</th></tr>
<tr><th colspan="4">情景脚本设计（30 分）</th><th colspan="3">T 台秀（30 分）</th><th colspan="5">情景模拟（40 分）</th></tr>
<tr><th>内容完整（4 个）8 分</th><th>描述清晰、详细 8 分</th><th>礼仪设计正确 7 分</th><th>情景合理 7 分</th><th>面部形象 10 分</th><th>着装 10 分</th><th>工作姿态展示 10 分</th><th>全员参与 5 分</th><th>情景合理 5 分</th><th>正确运用礼仪 10 分</th><th>时间控制 5 分</th><th>表演自然 10 分</th></tr>
<tr><td></td><td></td><td></td><td></td><td></td><td></td><td></td><td></td><td></td><td></td><td></td><td></td><td></td><td></td></tr>
<tr><td></td><td></td><td></td><td></td><td></td><td></td><td></td><td></td><td></td><td></td><td></td><td></td><td></td><td></td></tr>
<tr><td></td><td></td><td></td><td></td><td></td><td></td><td></td><td></td><td></td><td></td><td></td><td></td><td></td><td></td></tr>
<tr><td></td><td></td><td></td><td></td><td></td><td></td><td></td><td></td><td></td><td></td><td></td><td></td><td></td><td></td></tr>
</table>

课程学习体会

学习记录、分享、体会——请在这里写一写!

说明:一学期的课程学习已经结束了,你有所收获吗?学习该课程有什么样的体会?请写在这里,也可让组员或其他同学给你写,内容可以是对你的要求、你存在的不足、各方面的进步以及对你的期望,等等。学习是持续不断的事情,继续努力,收获一个让你满意的精彩未来吧!